WTB

BAND 277

Ernst Schmitz

Organische Zwischenprodukte

Mit 1 Tabelle und 2 Schemata

AKADEMIE-VERLAG · BERLIN

Reihe CHEMIE

Herausgegeben im Auftrage
der Akademie der Wissenschaften der DDR

von

Prof. Dr. Dr. h. c. H. Klare, Berlin
Prof. Dr.-Ing. Dr. h. c. E. Leibnitz, Berlin
Prof. em. Dr.-Ing. habil. Dr. h. c. mult. K. Schwabe, Meinsberg

Verantwortlicher Herausgeber dieses Bandes:
Prof. Dr.-Ing. Dr. h. c. E. Leibnitz

Verfasser:
Prof. Dr. Ernst Schmitz
Zentralinstitut für Organische Chemie
der Akademie der Wissenschaften der DDR
Berlin

1982
Erschienen im Akademie-Verlag,
DDR - 1086 Berlin, Leipziger Str. 3—4
Lektor: Fritz Schulz

Lizenznummer: 202 · 100/457/82
Gesamtherstellung: VEB Druckhaus „Maxim Gorki“,
7400 Altenburg
Bestellnummer: 762 959 4 (7277) · LSV 1274, 3634
Printed in GDR
DDR 8,— M

Vorwort

Der Bitte des Akademie-Verlages, eine Monographie über organische Zwischenprodukte zu schreiben, bin ich gern nachgekommen, da auf diesem Gebiet eine Lücke im Schrifttum besteht.

Es gibt kaum eine Darstellung, die über die klassischen Farbstoffzwischenprodukte hinausgreift. Charakteristisch für die Zwischenprodukte ist aber, daß sie sowohl die Grenzen des ursprünglichen Einsatzes der Farbstoffsynthese gesprengt haben, als auch über ihre klassische Grundstoffbasis, die einfachen Aromaten, hinausgewachsen sind. Schon bald nach der Jahrhundertwende hat sich die industrielle Synthese chemotherapeutischer Produkte entwickelt, die sehr wesentlich auf Farbstoffzwischenprodukten basierte. Die um 1940 in Gang gekommene Herstellung von Pflanzenschutzmitteln verwendete und verwendet noch heute viele zunächst für die Farbstoffe entwickelte Zwischenprodukte und hat dabei Produktionsgrößen erreicht, die die der Farbstoffe um ein Mehrfaches übertreffen. Schließlich werden auch einige aromatische Zwischenprodukte in allergrößtem Maßstab für Plaste, Elaste und Kunstfasern verarbeitet.

Die Ausweitung der Rohstoffbasis drückt sich nicht nur in der petrolchemischen Gewinnung der Aromaten aus, sondern auch in der vielseitigen Anwendung aliphatischer Verbindungen, die heute mit gleichem Recht wie die aromatischen Verbindungen als Zwischenprodukte anzusprechen sind.

Eine Monographie über Zwischenprodukte in dem angedeuteten erweiterten Umfang ist nicht ohne Kompromisse hinsichtlich der Abgrenzung des Gebietes möglich. Zur Abrundung der Darstellung soll wenigstens angedeutet werden, woher die Grundstoffe kommen, aus denen die Zwischenprodukte hergestellt werden, und der Leser soll informiert werden, in welche Einsatzgebiete die einzelnen Zwischenprodukte gehen. Eine Einteilung der Zwischenprodukte nach Einsatzgebieten wäre aber sinnlos, da gerade die Suche nach unkonventionellem Einsatz der vorhandenen Produkte die Entwicklung immer wieder vorangetrieben hat. Aus dem Bestreben, „genetische“ Zusammenhänge zu betonen und sie nicht zu zerreißen, wurde eine Unterteilung in aliphatische und aromatische Zwischenprodukte gewählt, wobei die aliphatischen Verbindungen nach ihren funktionellen Gruppen weiter unterteilt wurden, während bei den aromatischen Verbindungen die Reaktionen zur Einführung von funktionellen Gruppen im Vordergrund stehen. Diese Einteilung bietet sich bei den aromatischen Verbindungen an, bei denen eine ganz geringe Zahl von lange bekannten Umwandlungsreaktionen zu der Vielfalt von Individuen führt, während in der aliphatischen Reihe wesentlich mehr Reaktionen herangezogen werden müssen, um das Zwischenproduktensortiment aufzubauen, so daß eine Einteilung nach Reaktionen kein übersichtliches Bild ergeben hätte. Die Zwischenprodukte, die für die Großproduktion von Plasten, Elasten und Kunstfasern entwickelt oder durch ihren Einsatz auf diesem Gebiet zu großen Produkten wurden, sind in einem besonderen Kapitel zusammengefaßt. Ganz allgemein wurde der Abgrenzung und Einteilung des Zwischenproduktengebietes keine allzugroße Strenge zugrunde gelegt, die dem Charakter der Zwischenprodukte durchaus widersprochen hätte. Herstellung und Verarbeitung der Zwischenprodukte liegen in dem schwer prognostizierbaren Bereich der Umwandlung von Ideen in industrielle Möglichkeiten, und neu auftauchende Möglichkeiten haben sich oft als günstiger erwiesen als die länger bekannten. Das ausführliche Sachverzeichnis kann vielleicht über die mangelnde Strenge der Einteilung hinweghelfen.

Beim Zustandekommen dieser Monographie hat die Überlegung mitgespielt, daß das Gebiet der Zwischenprodukte etwas mehr Publizität braucht. Während die imponierend großen Anlagen der Grundstoffindustrie selbst dem Laien bekannt sind, und die Endprodukte der chemischen Stoffwandlung sich ihren Platz im Bewußtsein des Chemikers und des Nichtchemikers erobert haben, vollzieht sich ein großer und wichtiger Teil der chemischen Umwandlungen unter Ausschluß der Öffentlichkeit. Gerade die Arbeit an den Zwischenprodukten, über die sich ein Großteil des neuen Ideengutes unserer Wissenschaft in die Volkswirtschaft einführt, ist oft unterbewertet. Vielleicht kann diese Monographie einen kleinen Beitrag dazu leisten, daß die Zwischenprodukte den ihnen zukommenden Platz im Bewußtsein des Chemikers erhalten und ihrer Rolle in der chemischen Industrie der DDR gerecht werden.

Berlin, Dezember 1980 *Ernst Schmitz*

Inhalt

1. Definition und Einordnung der Zwischenprodukte

1.1. Definition der Zwischenprodukte

Es hat sich als zweckmäßig erwiesen, in der chemischen Produktion zwischen Rohstoffen, Grundstoffen, Zwischenprodukten und Finalprodukten zu unterscheiden. Dabei werden unter chemischen Rohstoffen Steinkohlenteer, Kohle, Erdöl, Erdgas, aber auch natürliche Fettsäuregemische, Pflanzenextrakte und Rückstände der tierischen und pflanzlichen Produktion verstanden. Als Grundstoffe bezeichnet man die nach einer ersten chemischen Umwandlung oder Auftrennung vorliegenden, chemisch bereits einheitlichen Stoffe oder Gemische einiger definierter Verbindungen, beispielsweise die Olefine der Benzinpyrolyse, Aromaten oder Acetylen.

Zwischenprodukte sind die aus den Grundstoffen durch chemische Umwandlung hervorgegangenen Produkte, die nicht direkt an Verbraucher geliefert werden, sondern in der chemischen Industrie in mehrfacher Richtung chemisch abgewandelt werden. Die Abwandlung führt zu weiteren Zwischenprodukten und schließlich zum Finalprodukt. Die Definition als Zwischenprodukt gilt dann bis zum Einsatzprodukt einer letzten synthetischen Stufe, in der eine Verbindung entsteht, die dann nur noch durch Konfektionierung oder eine nichtchemische Technologie in das Handelsprodukt überführt wird.

Selbstverständlich sind die Grenzen des Gebietes der Zwischenprodukte nicht scharf zu ziehen. Der Begriff kommt aus der Farbstoffproduktion, wo man relativ früh zu einem Sortiment von Verbindungen gekommen war, die sich zu Farbstoffen montieren ließen. Der Begriff des Zwischenproduktes als eines mehrfach einsetzbaren Bausteins bürgerte sich auch in anderen Applikationsrichtungen ein, einerseits, weil viele Zwischenprodukte der Farbensynthese als Bausteine für andere Finalprodukte Anwendung fanden, andererseits, weil sich für manche Produktionsrichtungen auf einer anderen Grundstoffbasis eine anloge Entwicklung vollzog. Beispielsweise haben sich in der Riechstoffindustrie oder in der Waschmittelindustrie Zwischenproduktensortimente auf aliphatischer Basis entwickelt.

Eine Geschichte der Zwischenprodukte ist eine Geschichte der organisch-chemischen Industrie. Sie zu schreiben würde den Rahmen dieser Darstellung sprengen. Die Geschichte der Zwischenprodukte spiegelt sich aber in der Entwicklung der zu ihrer Herstellung verwendeten Rohstoffe wider, auf die daher kurz eingegangen werden soll.

1.2. Die Rohstoffbasis der Zwischenproduktenherstellung

Bis ungefähr 1920 waren die Aromaten die wichtigsten Grundstoffe der organisch-chemischen Industrie. Rohstoff zu ihrer Gewinnung war damals der Steinkohlenteer, ein Produkt der Kokereien und der Leuchtgaserzeugung, aus dem Benzen, Toluen, Xylen, Naphthalen und Anthracen durch Destillation erhalten wurden. Diese Verbindungen waren nicht nur die Grundkörper, sondern auch die Ausgangsmaterialien für die Zwischenprodukte der Farbenindustrie. Eine Reihe von Funktionalisierungsreaktionen, wie Nitrierung, Sulfonierung und Halogenierung, und eine Reihe von Reaktionen zur Sekundärumwandlung, wie die Phenolbildung durch Abschmelzen und die Substitution von Halogen, wurden Operationen, die sich fast beliebig hintereinanderschalten und auf die meisten der in Frage kommenden Verbindungen übertragen ließen.

Wie an anderer Stelle ausführlich dargestellt wird, ist der Steinkohlenteer als Rohstoff der aromatischen Grundstoffe heute weitgehend vom Erdöl abgelöst. Mit der

Ausarbeitung von Verfahren zur Aromatengewinnung aus Erdöl gelang es, die aromatischen Grundstoffe in den Mengen bereitszustellen, die heute für chemische Großproduktionen üblich sind. Dadurch konnten die aromatischen Verbindungen trotz der Konkurrenz der aufkommenden aliphatischen Verbindungen ihren Platz als Zwischenprodukte behaupten.

Aliphatische Grundstoffe kamen wesentlich später zum Zuge als die Aromaten. Ethanol erzeugte man seit altersher durch Gärung, Methanol, heute eins der größten Produkte, wurde im vorigen Jahrhundert nach fast alchimistischer Technologie durch trockene Destillation von Holz gewonnen. Auch Essigsäure erhielt man aus einem Gärungsprozeß, Glycerol als Nebenprodukt der Seifenherstellung aus Fetten.

Als großes aliphatisches Produkt kam Anfang der Zwanzigerjahre das Methanol heraus. Es war der erste aus Kohlenoxid erzeugte chemische Grundstoff. Methanol wurde zunächst hauptsächlich als Lösungsmittel verwendet. Der wachsende Bedarf an Methanol als Veresterungskomponente, vor allem aber die weitere Verarbeitung über Formaldehyd und Methylamine haben das Methanol auch zu einem Synthesezwischenprodukt gemacht. In neuerer Zeit kam die Gewinnung von Essigsäure aus Methanol und Kohlenoxid dazu.

Die Mischung von Kohlenoxid und Wasserstoff, das sogenannte Synthesegas, wurde zur Basis weiterer Produkte. Die Methanolsynthese ließ sich so modifizieren, daß höhere Alkohole, insbesondere Isobutanol, anfielen. Über Isobutanol stellte man Isobuten und tert.-Butanol her,

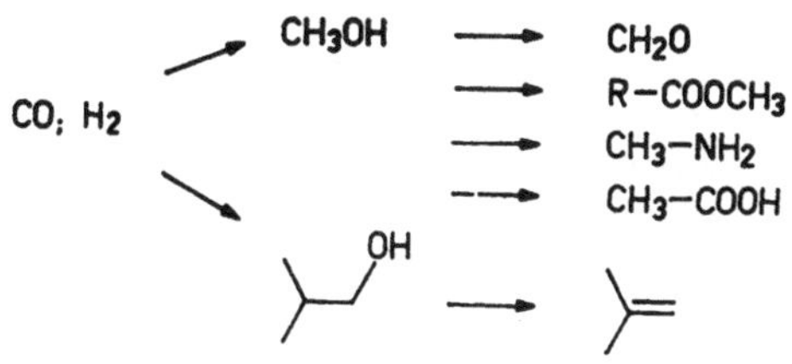

ehe diese Verbindungen durch die Petrolchemie geliefert wurden.

In den Dreißigerjahren wurde mit steigendem Aufwand versucht, die Grundstoffbasis Synthesegas zu verbreitern. In Anlehnung an die Benzinsynthese nach FISCHER-TROPSCH wurde nach Bedingungen und Katalysatoren gesucht, um Grundstoffe für eine chemische Weiterverarbeitung zu erzeugen. Bei der Benzinsynthese unter mäßig erhöhtem Druck fielen bereits höhere Paraffine an, die auf Fettsäuren verarbeitet wurden, indem man mit Luftsauerstoff unter C—C-Spaltung oxydierte.

$$CO;\ H_2 \longrightarrow \text{Benzin; Paraffine}$$

$$\xrightarrow{CO} \text{Olefine}$$

$$\xrightarrow{Fe} \text{geradkettige Alkohole}$$

$$\xrightarrow{Al_2O_3;\ 600^\circ} \text{Ethylen, Propen, Buten}$$

An Cobaltkatalysatoren ließen sich 40—60% Olefine erhalten, an Eisenkontakten geradkettige Alkohole. Bei erhöhtem Druck lieferte ein Eisenkontakt als Hauptprodukt Ethanol. Spezielle Eisenkontakte führten zur Bildung von Alkoholen und Estern in bis zu 75-proz. Ausbeute. Unter härteren Bedingungen — 600 °C an Aluminiumoxid — wurden Ethylen, Propen und Buten gebildet. Zu Produktionen größeren Umfangs kam es in den meisten Fällen nicht mehr. Die Umstellung auf die Rohstoffbasis Erdöl gestattete es, die meisten der genannten Verbindungsklassen ökonomischer herzustellen.

Die erste größere Palette aliphatischer Zwischenprodukte baute sich auf der Basis Acetylen auf. Acetylen wurde und wird auch heute noch aus Calciumcarbid erhalten, das aus Kalk und Koks im Lichtbogen eines elektrischen Ofens hergestellt wird.

$$CaO + 3C \rightarrow CaC_2 + CO$$
$$CaC_2 + 2H_2O \rightarrow Ca(OH)_2 + C_2H_2$$

Der Carbidprozeß ist für die Grundstofferzeugung ein nicht gerade bequemer Prozeß, da große Mengen festen Materials durchgesetzt werden müssen und das anfallende Calciumhydroxid nicht rückgeführt werden kann. Man hat Wege gesucht und gefunden, Acetylen auf anderen Wegen herzustellen, beispielsweise durch Einbringen niederer Kohlenwasserstoffe in einen Lichtbogen oder durch Partialverbrennung von Methan. Acetylen wurde in den Sechzigerjahren als Grundstoff weitgehend durch Produkte der Benzinpyrolyse verdrängt — von den wichtigsten früher aus Acetylen hergestellten Zwischenprodukten wird heute Butadien aus Diolefinfraktionen, Acetaldehyd aus Ethylen, Essigsäure durch Butanoxydation oder neuerdings aus Methanol und Kohlenoxid erzeugt.

Eine chemische Verwertung des Acetylens begann bereits vor dem 1. Weltkrieg, als man durch Halogenanlagerung Lösungsmittel herstellte. In den Dreißigerjahren wurden dann große Kapazitäten an Butadien für Synthesekautschuk benötigt. Mit der Großerzeugung von Acetylen kamen weitere Produktionen zum Laufen. Man beherrschte schließlich, insbesondere durch die Arbeiten von W. Reppe, sogar Druckreaktionen des Acetylens. Die zahllosen Reaktionsmöglichkeiten, die nachstehend nur angedeutet werden können, machten eine Vielzahl von Zwischenprodukten zugänglich.

Neben der Anlagerung von Halogen sind es vor allem vier Reaktionstypen, die das Acetylen eingehen kann, wobei es einerseits seine Dreifachbindung in Reaktion bringt, andererseits als C—H-acide Verbindung C—C Knüpfungen eingehen kann und damit gewissermaßen das Grignard-Reagenz der Industrie ist.

Acetylen lagert in Gegenwart von Schwefelsäure und Quecksilbersalzen Wasser an und bildet Acetaldehyd. Über Acetaldehyd wurden Butadien und Essigsäure produziert, daneben auch durch katalytische Disproportionierung mittels Aluminiumalkoholat Essigester, durch Hydrierung Ethanol und als Nebenlinie der Butadiengewinnung C—4- und C—8-Verbindungen. Die dargestellte

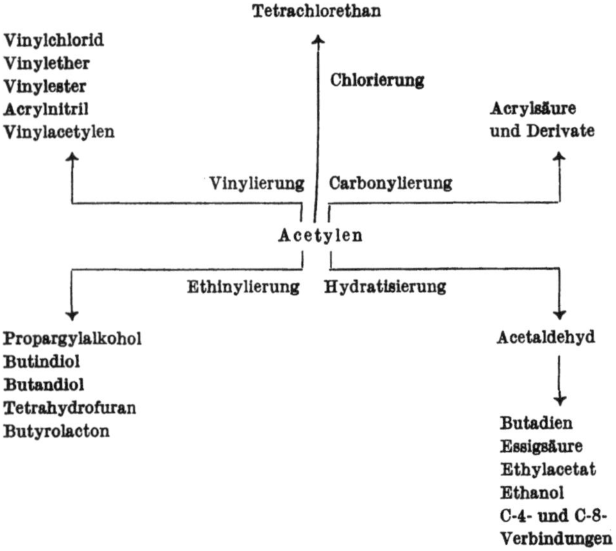

Acetylen-Spinne zeigt die wichtigsten auf Acetylen basierenden Produktionen. Dabei sind die meisten auf Sekundärumwandlung beruhenden Produkte weggelassen, ebenfalls einige Reaktionen, die nur noch historisches Interesse besitzen wie die Hydrierung von Acetylen zu Ethylen und die Gewinnung von Aceton.

Eine zweite Gruppe von wichtigen Reaktionen des Acetylens ist die der Vinylierungen. Katalytische HCl-Anlagerung führt zum Vinylchlorid, dem Monomeren des PVC, Anlagerung von Alkoholen zu Vinylethern, von Carbonsäuren zu Vinylestern. Die früher ausgeführte Anlagerung von Blausäure zum Acrylnitril ist heute nicht mehr attraktiv, da man Acrylnitril sehr viel wirtschaftlicher durch Ammoxidation von Propen gewinnt.

Wichtige Reaktionen sind die Ethinylierungen, bei denen Acetylen unter Erhaltung der Dreifachbindung an Carbonylverbindungen angelagert wird. Von Bedeutung sind hier vor allem die 1:1-Anlagerung von Formaldehyd zu Propargylalkohol und die 2:1-Anlagerung von Formaldehyd zum Butindiol. Butindiol gibt durch Hydrierung Butendiole, bei vollständiger Absättigung 1.4-Butandiol, von dem einfache Wege zum Tetrahydrofuran und zum Butyrolacton führen.

Durch eine Druckreaktion erhält man aus Acetylen unter Aufnahme von Kohlenoxid und Wasser Acrylsäure.

Die Acetylenfolgechemie hat ihren Höhepunkt überschritten und war in den letzten fünfzehn Jahren stark rückläufig. Selbst dort, wo man Acetylen aus Kohlenwasserstoffen erzeugte, ist die Produktion zurückgegangen. Für die Mehrzahl der früher auf Acetylenbasis betriebenen Produktionen gibt es heute wirtschaftlichere Verfahren auf Basis von Olefinen aus der Benzinspaltung. Besonders unattraktiv sind einige über Acetaldehyd laufende Verfahren geworden, vor allem die Herstellung von Butadien und von Essigsäure. Attraktiver und gegenüber petrolchemischen Prozessen konkurrenzfähig sind die Herstellung von Acrylsäure und von Vinylacetat, vor allem aber die Herstellung der sehr gesuchten C—4-Produkte über Butindiol. Auf beide Strecken orientieren sich die Industriebetriebe, die noch größere Acetylenkapazitäten betreiben. Besonders intensiv hat man nach Verfahren gesucht, bei denen Acetylen als Baustein konkurrenzlos ist, und hat sie in einigen hochveredelnden Prozessen gefunden, die bis zu einer Synthese von Vitamin A und von Riechstoffen reichen. In den USA gingen 1977 über 40% des noch erzeugten Acetylens in hochveredelnde Prozesse, in Westeuropa etwa 15%.

In Europa begann etwa ab 1950 das Vordringen petrolchemischer Prozesse. Vorläufer dieser Prozesse waren Gewinnung und Umsetzung von niederen Olefinen, die als Nebenprodukte in Raffinerien anfielen. Nachdem sich die Effektivität dieser Prozesse gezeigt hatte, begann man bald, gezielt Olefine durch Spaltung geeigneter Erdölprodukte herzustellen. Die größte Rolle spielen rein thermische Prozesse, bei denen Leichtbenzinfraktionen bei Temperaturen zwischen 600 und 1000 °C zerlegt werden, wofür viele verschiedene Verfahren ausgearbeitet wurden. Man betreibt heute Anlagen mit einer Kapazität von 300000 bis 600000 Jahrestonnen Ethylen, was einen Rohstoffeingang von 1—2 Mill. Tonnen erfordert. Die Ausbeute an Ethylen, auf das die Prozesse meistens optimiert werden, beträgt also rund 30‰. Repräsentativ für solche Prozesse ist etwa ein Anfall von 10‰ Methan, 30‰ Ethylen, 18‰ Propen, 9‰ Butene und Isobuten, 5‰ Butadien, 10‰ Aromaten und 18‰ einer Restfraktion, die gesättigte Kohlenwasserstoffe und C—5-Olefine enthält.

Eine zweite Quelle für Aromaten ist das später zu erwähnende Reformingverfahren, ein ursprünglich zur Qualitätserhöhung von Treibstoffen ausgearbeitetes Verfahren, bei dem man durch katalytische Umwandlung die Bildung von verzweigten Kohlenwasserstoffen und von Aromaten erreicht.

Ausgehend von den Olefinen C—2 bis C—5, den BTX-Aromaten (Benzen, Toluen, Xylen) und den Diolefinen Butadien und Cyclopentadien hat man für die Mehrzahl der heute in großem Maßstab gebrauchten Produkte Verfahren erarbeitet. In Europa wurden 1970 7 Mill. Tonnen Ethylen verarbeitet, für 1980 erwartet man eine Verdopplung. In den USA betrug die produzierte Menge 1975 10 Mill. Tonnen.

Das angegebene Schema skizziert den Zugang von den Produkten der Benzinpyrolyse zu den wichtigsten Zwischenprodukten.

Mit dem schnellen Ansteigen der Erdölpreise ab Mitte der Siebzigerjahre und der absehbaren Erschöpfung der Erdölvorräte hat das Interesse an der Rohstoffbasis Kohle wieder zugenommen. Es zeichnete sich bald ab, daß man angesichts der in zwanzig Jahren um eine Größenordnung gewachsenen chemischen Produktionen, aber auch der erhöhten Ansprüche an Wirtschaftlichkeit, nicht einfach am Vor-Erdöl-Stand anknüpfen konnte. Es war weder daran zu denken, durch das Fischer-Tropsch-Verfahren in

Leichtbenzin
↓ Pyrolyse
Butadien

Ethylen	Propen	n-Butene	Butadien	Isobuten	Benzen	Toluen	Xylene
↓	↓	↓	↓	↓	↓	↓	↓
Vinylchlorid	Cumen	Butadien	Adipodinitril	Methacrylsäure	Styren	Benzyl-	o-Phthal-
Vinylacetat	n-Butyraldehyd	Maleinsäure-	C-4-Verbin-	tert.-Butanol	Phenol	verbindungen	säure
Styren	n-Butanol	anhydrid	dungen	Methylheptenon	Cyclohexan	Benzaldehyd	Terephthal-
Acrylsäure	Ethylhexanol	Butanon	Cyclodo-	Diisobuten	Cyclohexanon	Benzoesäure	säure
Acetaldehyd	Allyl-	C-8-Verbindungen	decanon	tert.-Butyl-	Adipinsäure	Nitrotoluene	
Essigsäure	verbindungen			phenole	Dodecyl-	Chloroluene	
Ethanol	Aceton			Pivalinsäure	benzen		
Ethylenoxid	Acrylnitril			tert.-Butyl-	Nitrobenzen		
Alfole	Methyl-			methylether	Chlorbenzene		
	isobutylketon						
	Acrolein						
	Acrylsäure						
	Glycerol						
	Propenoxid						
	Isopropanol						

großem Stil zu Produkten der bisherigen Erdölfolgechemie zu kommen, noch bot die Rückkehr zu Carbidacetylen eine Chance.

Neue Wege der Chemie auf Basis Synthesegas deuten sich auf dem Kraftstoffsektor durch das MOBIL-OIL-Verfahren an. Es führt, ausgehend von Synthesegas, zunächst zu Methanol, aus dem durch Wasserabspaltung an Zeolithen Kohlenwasserstoffe mit hohem Aromatenanteil entstehen. Variierung der Zeolithe hat nicht nur zu einer Erhöhung der Selektivität der Aromatenbildung geführt, sondern auch zur bevorzugten Bildung von Olefinen. Mit mangandotierten Aluminosilikaten gelang es bei 400 °C und Normaldruck, aus Methanol ein Gemisch zu erhalten, das zu 60% aus Ethylen, Propen und Butenen besteht. 1980 erprobte man bereits im Pilotmaßstab die Gewinnung von Ethylen und Propen aus Dimethylether. Allerdings wird eine Produktion auf dieser Basis kaum sinnvoll sein, solange Erdöl noch zur Energiegewinnung verwendet wird. Selbst Ende der Siebzigerjahre lag der Anteil der chemischen Verwertung des Erdöls nur bei 6%.

Aussichtsreicher erscheint die Gewinnung sauerstoffhaltiger Produkte unter Umgehung der Olefinstufe. In der Herstellung von Essigsäure aus Methanol und Kohlenoxid (vg. 2.6.2) liegt bereits ein Prozeß auf der Basis Synthesegas vor, der kein Ersatzverfahren, sondern ein wirtschaftlich arbeitendes Verfahren ist. Ein zweites Verfahren deutet sich in der Gewinnung von Glycol, Propylenglycol und Glycerol aus Synthesegas an. Bei 3400 Atmosphären Druck und Temperaturen bis 350 °C entstehen an Rhodiumkatalysatoren die genannten Diole in über 60-proz. Ausbeute.

Wünschenswert wäre eine Homologisierung des Methanols zu Ethanol oder Acetaldehyd. Sie deutet sich in der Literatur bereits an.

1.3. Die Entwicklung einiger Zwischenprodukte

Auf der Basis der sich verändernden und sich ausweitenden Rohstoffe und Grundstoffe sind die organischen Zwischenprodukte entstanden. Bei Nennung einiger Zwischenprodukte wird sofort deutlich, daß sie nicht Halbfertigfabrikate eines Produktionsstranges sind, die für einen bestimmten Zweck entworfen, in vorgegebener Menge produziert und nur in einer Richtung weiterverarbeitet werden. Die weiteren Ausführungen werden zeigen, daß die Zwischenprodukte durchaus nicht für eine Applikationsrichtung spezifisch sind. Es gibt viele Zwischenprodukte, wahrscheinlich sind es sogar die meisten, die man als Bausteine in Finalprodukten der verschiedensten Anwendungen findet. Diese Situation darf als charakteristisch für die Zwischenprodukte angesehen werden. Das Hineinwachsen einzelner Verbindungen in verschiedene Produkte zeigt die Fähigkeit der chemischen Betriebe, ausgehend von den eigenen Möglichkeiten Entwicklungen in Gang zu bringen.

Nachstehend sollen einige „Zwischenprodukten-Schicksale" dargestellt werden, die jeweils repräsentativ für viele Zwischenprodukte sind und illustrieren, wie die organisch-chemische Industrie gewachsen ist.

1. Eins der häufigsten Schicksale ist, daß ein Zwischenprodukt, das für eine Klasse von Finalprodukten hergestellt wird, sich erfolgreich in Produkte für einen anderen Anwendungsbereich einbauen läßt. Der Betrieb, der eine solche Entwicklung erfolgreich betreibt, hat den Vorteil, daß er mit bestehendem know how nur die Kapazität seiner Anlage zu erweitern braucht, um das Vorprodukt für sein neues Erzeugnis herzustellen. Ergibt sich eine Produktion von größeren Dimensionen, so wächst das Zwischenprodukt mit und hat damit die Chance einer größeren und rationelleren Produktion. Ein Beispiel ist das p-Nitrophenol, das aus dem Sortiment der Farbstoffzwischenprodukte kommend, zu einer wichtigen Komponente insecticider Thiophosphorsäureester, beispielsweise

Parathion®, wurde und damit im Produktionsumfang um zwei Zehnerpotenzen wuchs. Weitere Beispiele sind Komponenten des Farbfilms, der im Blaugrünbild ein Naphtholcarbonsäurederivat, im Purpurbild ein Phenylpyrazolonderivat und im Gelbbild ein β-Ketosäurederivat verwendet. Alle drei Verbindungstypen waren bereits in anderen Anwendungsrichtungen im Gebrauch.

2. Bei der Produktion eines unumgänglich notwendigen Zwischenproduktes fällt ein Koppelprodukt an, für das man zunächst keine Verwendung hat, beispielsweise ein Stellungsisomeres bei einer aromatischen Substitution. Das klassische Beispiel ist der Anfall von p-Nitrophenol, als man im vorigen Jahrhundert für die Produktion des Farbstoffes Benzoazurin® wachsende Mengen von o-Nitrophenol benötigte. Alle Versuche, die Orthoverbindung selektiv zu erhalten, waren gescheitert, wobei man selbst Umwege wie Einführen und Wiederabspalten einer Schutzgruppe in Kauf genommen hätte. Gescheitert war auch der Versuch, p-Nitrophenol zur Pikrinsäure weiterzunitrieren; die Ausbeute blieb zu gering.

Synthetische Arbeiten am p-Nitrophenol führten zum p-Ethoxy-acetanilid, das sich als Fiebermittel dem damals produzierten und als Antifebrin® gehandelten Acetanilid als überlegen erwies.

So entwickelte sich eine neue Produktion aus dem Angebot eines Zwischenproduktes heraus. Interessant ist es, daß Jahrzehnte später das umgekehrte Problem aktuell wurde: Der im 1. Beispiel angedeutete große Bedarf an p-Nitrophenol für Insecticide führte zum Zwangsanfall von o-Nitro-chlorbenzen, was wieder neue Produkte hervorbrachte, beispielsweise die Fungicide mit Benzimidazolskelett. Diesmal lag der Überhang an „falschem" Isomerem in der Größenordnung von einigen Tausend Tonnen pro Jahr, während der im vorigen Jahrhundert als bedrohlich empfundene Überbestand an p-Nitrophenol dreißig Jahrestonnen betragen hatte. Das unterstreicht die Dimensionen, in denen im vergangenen und in diesem

Jahrhundert industrielle organische Chemie betrieben wurde und betrieben wird.

3. Cyclohexanon, vor 1930 kaum mehr als eine Laborchemikalie, wurde als Vorprodukt der Polyamide großes Zwischenprodukt: Es läßt sich leicht zu Adipinsäure oxidieren. Fast gleichzeitig wird es Vorstufe für Caprolactam und in Kondensaten mit Harnstoff und Formaldehyd Komponente für Klebstoffe.

4. Aufgrund eines technologischen Durchbruches wird eine Verbindung, die vorher kaum eine Rolle spielte, zum Großprodukt. Beispielsweise konnte Anfang der Zwanzigerjahre durch die industrielle Hochdrucksynthese, die für die Ammoniakherstellung erarbeitet worden war, Methanol als billiges Großprodukt hergestellt werden, das bald auch zum Synthesezwischenprodukt wurde und beispielsweise über Formaldehyd und über Methylamine weiterverarbeitet wurde.

5. Chemische Betriebe suchen mit ihren eigenen Zwischenprodukten Anschluß an moderne Entwicklungen. Beispielsweise kamen, nachdem man gelernt hatte, mit sogenannten Reaktivfarbstoffen besonders echte Färbungen zu erzeugen, Produkte heraus, die unterschiedliche Zwischenprodukte zur Verknüpfung des Farbstoffes mit der Faser enthielten. Als reaktive Gruppen dienten Vinylsulfongruppen, Schwefelsäureester von β-Sulfonamidoalkoholen oder Triazinabkömmlinge.

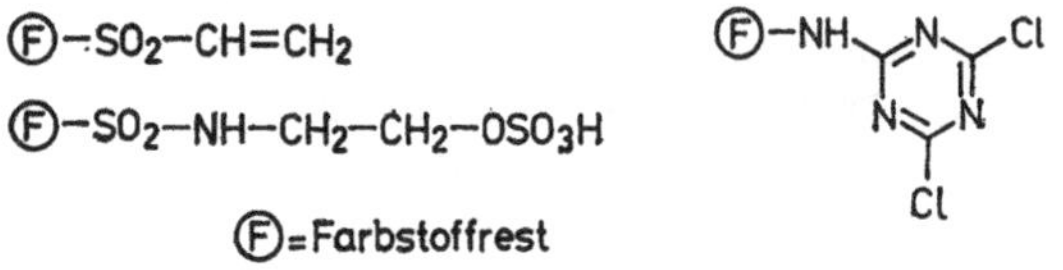

6. Ein sehr billiges Ausgangsmaterial geht eine überraschend glatte Reaktion ein; ein unerwartetes Produkt ist damit zugänglich und billig herstellbar. Man sucht nach Verwendungen. Ein Beispiel ist das Cyclododecatrien, das durch homogenkatalytische Trimerisierung von Butadien fast quantitativ zu erhalten ist und den ersten

technischen Zugang zu den bis dahin kaum erreichbaren mittleren Kohlenstoffringen erlaubt. Eine Verwendung findet sich für das Laurinlactam, dessen Polymeres Eigenschaften aufweist, die von denen der gängigen Polyamide abweichen. Die Produktion von Laurinlactam erreicht bald die Größenordnung von 10000 Jato (Vgl. Abschnitt 4.1.8.).

7. Laboruntersuchungen hatten Anfang der Zwanzigerjahre gezeigt, daß Schwefelsäureester langkettiger primärer Alkohole die Chance boten, nichtalkalische Waschmittel aufzubauen. Solche Alkohole waren damals technisch nicht zugänglich. Laurylalkohol, ein primärer Alkohol mit zwölf C-Atomen, war als Feinchemikalie für zweitausend Mark pro Kilogramm käuflich. Innerhalb einiger Jahre gelang es, Fettalkohole industriell zu einem annehmbaren Preis herzustellen und damit die synthetischen Waschmittel auf den Markt zu bringen.

8. Ebenfalls ein für Zwischenprodukte typisches Schicksal hatten die Isocyanate. Im Prinzip waren Isocyanate lange bekannt. Im Laboratorium stellte man sie durch Thermolyse von Säureaziden her, was für eine technische Gewinnung undiskutabel war. Für die Technik kam nur die Herstellung aus Aminen und Phosgen in Frage, die an einigen aromatischen Diaminen in jahrelanger mühevoller Arbeit zur technischen Reife gebracht wurde. Der Aufwand wurde getrieben, um aus den Diisocyanaten Polyurethane aufzubauen. Als die Phosgenierung von Aminen beherrscht wurde, war der Weg frei, auch monofunktionelle Isocyanate herzustellen und technisch einzusetzen. Heute sind Aryl- und Alkylisocyanate Bausteine für viele Pflanzenschutzmittel. Man erkennt sie in den nachstehenden als Herbicide produzierten Substanzen.

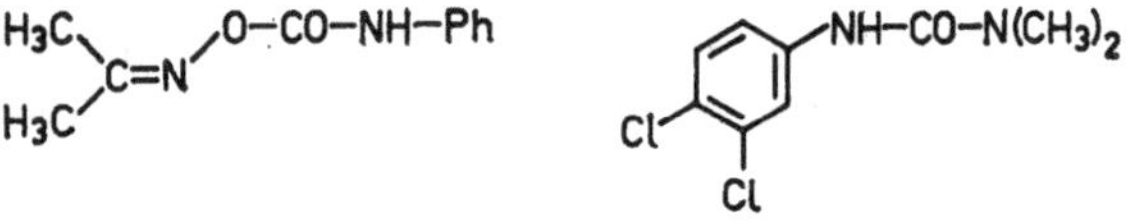

9. Die folgende Zwischenproduktenentwicklung drückt einen weit in die Zukunft reichenden Trend aus, kompli-

zierte Synthesen organischer Naturstoffe im 1000-Tonnen-Maßstab durchzuführen. Es wurde eine Großsynthese für Vitamin A, einen Naturstoff mit oligomerem Isoprenskelett, ausgearbeitet. Dazu wurde die industrielle Herstellung von C—5-Einheiten mit einer Methylverzweigung erarbeitet, beispielsweise der nachstehenden Zwischenprodukte.

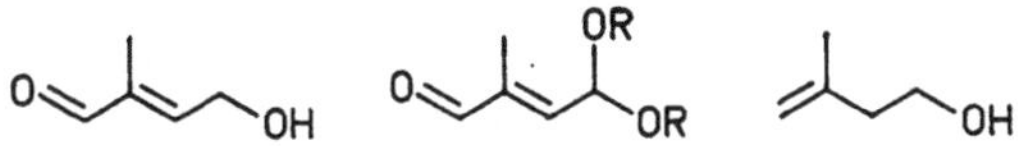

Als zusätzliches Ergebnis der Arbeiten wurden Riechstoffe mit Diisoprenskelett wie Geraniol und Linalool technisch zugänglich, indem beispielsweise Methylheptenon mit Acetylen umgesetzt und das Addukt zum Linalool hydriert wurde.

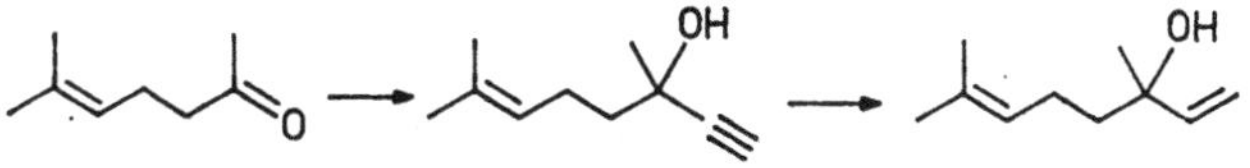

10. Von Verbindungen, die eine angedeutete, aber noch nicht befriedigende biologische Wirksamkeit zeigen, geht eine synthetische Entwicklung aus, die schließlich zu wirksamen Verbindungen führt. Die Ausgangsverbindungen werden damit zu Zwischenprodukten für die spätere industrielle Herstellung. Beispiele sind Anilin und Phenylhydrazin, bei denen eine fiebersenkende Wirkung angedeutet ist. Synthetische Entwicklungen führten beispielsweise zum Antipyrin.

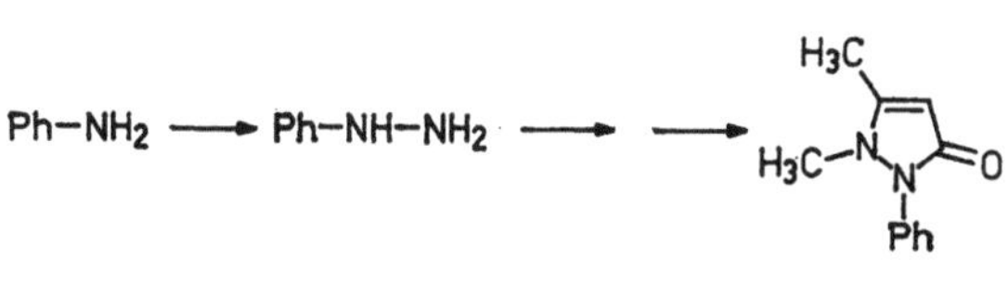

11. Ein universelles Zwischenprodukt, beispielsweise Phenol, macht Entwicklung und Wachstum der chemischen Industrie mit; entsprechend den wachsenden Di-

mensionen der chemischen Produktion wird es nach jeweils neuen Verfahren hergestellt, die vom chargenweisen Abschmelzen im Kessel bis zum petrolchemischen 100000-Tonnen-Prozeß reichen. Es bietet sich also in jeder Phase als Zwischenprodukt für Neuentwicklungen an. Neben den bekannten Weiterverarbeitungen im großen Maßstab wie der an anderer Stelle beschriebenen Produktion von Caprolactam, Adipinsäure, von Phenol-Formaldehydharzen, Dian und Kresol findet man daher eine Vielzahl von kleineren, aber hochveredelten Produkten, beispielsweise die Salicylsäure mit dem Folgeprodukt Acetylsalicylsäure, den Einsatz für Farbstoffe, die O-Methylierung zu Anisol, auf dem viele pharmazeutische Produkte und Riechstoffe basieren, die Halogenierung, die mit dem 2.4-Dichlorphenol das Vorprodukt für Herbicide[1]) und Pflanzenwachstumsregulatoren, mit dem Pentachlorphenol ein Holzschutzmittel und in Form von anderen halogenierten Produkten Desinfektionsmittel liefert, die Kondensation zu künstlichen Gerbstoffen, das DDT-Analoge „Methoxychlor" aus Chloral und zwei Molekülen Anisol und viele andere. Die Strukturen einiger Produkte sind nachstehend aufgeführt, in denen man jeweils leicht das Zwischenprodukt Phenol erkennt.

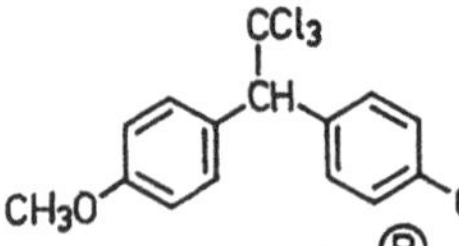

Methoxychlor®
(Insecticid)

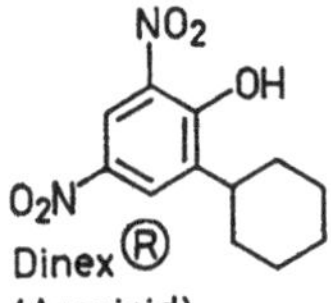

Dinex®
(Acaricid)

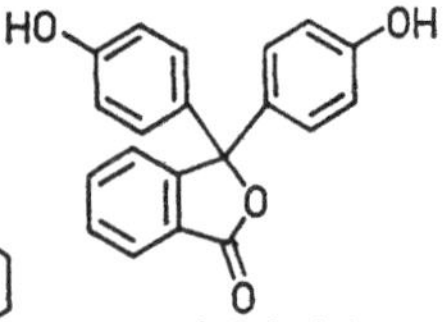

Phenolphthalein
(Indikator)

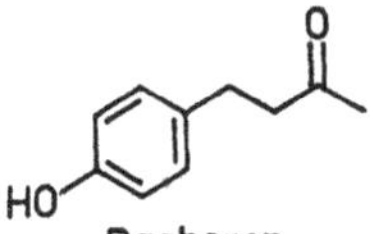

Rasberon
(Himbeeraroma)

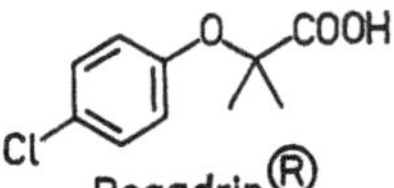

Regadrin®
(Hypolipämikum)

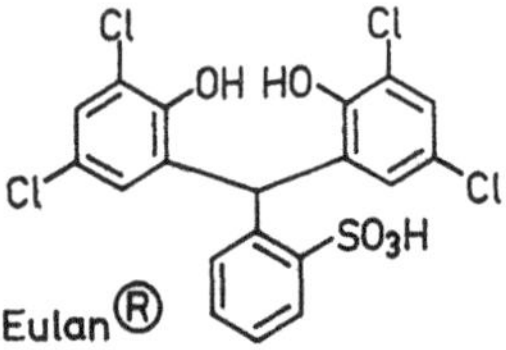

Eulan®
(Mottenschutzmittel)

12. Ein leicht zugängliches Zwischenprodukt erweist sich als besonders geeignet für eine größere Gruppe von synthetischen Operationen. Beispielsweise ist Acetessigester leicht zugänglich und eignet sich wegen seiner zwei reaktiven Gruppen besonders für Ringschlüsse. Auch C-Alkylierungen und C-Acylierungen sind leicht möglich. Er wird damit zur Stammsubstanz umfangreicher synthetischer Aktivität und geht in viele industriell erzeugte Produkte ein, die in ganz verschiedene Applikationsrichtungen gehen.

Ringschlußprodukte, in die der Acetessigester oder ein analoger β-Ketoester eingeht, sind neben den schon erwähnten Fiebermitteln Pyramidon und Antipyrin der Purpurkuppler des Farbfilms A, der immer ein Abkömmling des 1-Aryl-pyrazolons ist. Die Gelbkuppler des Farbfilms sind offenkettige Derivate von β-Keto-aniliden B. Verbindungen, in denen man leicht das C-Skelett des Acetessigesters erkennt, sind beispielsweise das Rodenticid C, das Herbicid D, das Systemfungicid E und der Pflanzenwachstumsregulator F sowie die Insecticide G und H.

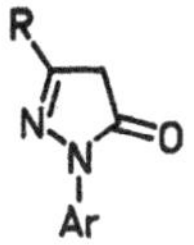

A

$R-CO-CH_2-CO-NH-Ar$

B

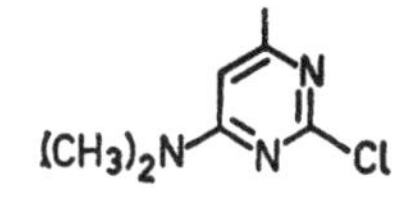

C

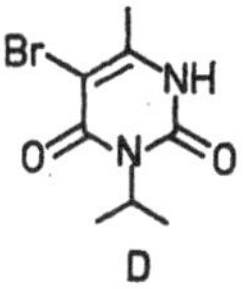

D

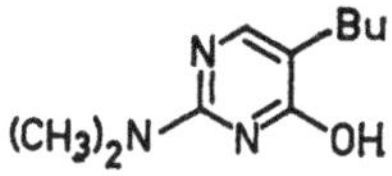

E

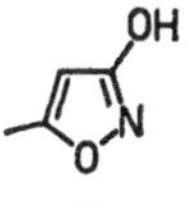

F

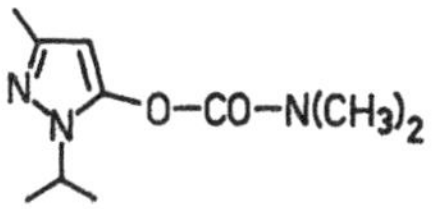

G

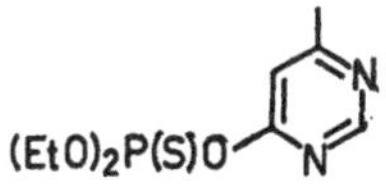

H

Weniger leicht erkennt man den Acetessigester in der Seitenkette des Plasmochins®, eines klassischen Malariamittels, im synthetischen Allethronol, der Alkoholkomponente eines Pyrethrins, zu deren Synthese Allylacetessigester mit Methylglyoxal kondensiert wird, und in den als Pigmentfarbstoffe wichtigen Chinacridonen, bei denen der zentrale Sechsring aus zwei Molekülen 4-Bromacetessigester aufgebaut wird.

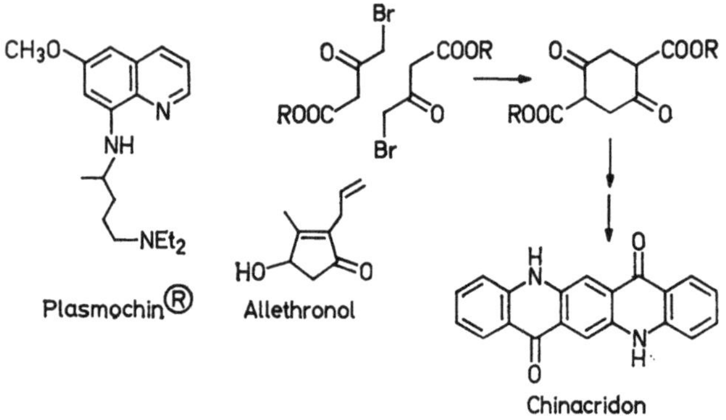

Abschließend soll die weitverzweigte Anwendung einer Gruppe von Zwischenprodukten nach „*Ullmanns Encyklopädie der technischen Chemie*" im Original zitiert werden. Man erkennt dabei einerseits, wie organische Zwischenprodukte als Synthesebaustein eingesetzt werden, daß man aber andererseits bei der Chemisierung der Volkswirtschaft viele Möglichkeiten gefunden hat, die Verbindungen als solche oder in Mischungen zur Erzielung bestimmter Effekte einzusetzen, beispielsweise an Phasengrenzen.

„Ethanolamine dienen hauptsächlich zur Herstellung von Seifen, die wegen ihrer geringen Alkalität (haut- und gewebefreundlich), ihrer hervorragenden Emulgierwirkung sowie ihrer guten Löslichkeit in organischen Lösungsmitteln breite industrielle Anwendung finden. Diese Seifen bilden mit natürlichen und synthetischen

Wachsen, auch Harzen und ähnlichen Rohstoffen, haltbare Emulsionen, die als Überzugs- und Imprägnierstoffe für Textilwaren, Leder, Linoleum, Holz, Zement, als Farbenbindemittel, zum Überziehen von Früchten, für Polituren und vieles anderes mehr verwendet werden können. Ethanolamine sind Ausgangsstoffe zur Herstellung von Schlichtemitteln für Kunstseide, von Antistatika für Acetatseide, Nylon® und Perlon®, von Hilfsmitteln der Gummiindustrie (zum Vulkanisieren, Koagulieren des Latex und zum Alterungsschutz) und der Lackindustrie (Erweichungsmittel, Farbentferner, Lackgrundlagen), von Zwischenprodukten für Acetatseide-farbstoffe sowie von Pharmazeutika (Novocain®, p-Amino-benzoesäureester des Diethylaminoethanols, und Pantocain®, p-Butylaminobenzoesäureester des Dimethylaminoethanols). In der Mineralölindustrie dienen Ethanolamine zur Bereitung von Emulsionen und als Emulsionsbrecher für die aus Ölbohrungen austretenden, oft schwer trennbaren Gemische mit Salzwasser und anderen Verunreinigungen, daneben als Korrosionsschutzmittel, Entrostungsmittel, Entschäumer, zur Abtrennung von Mercaptoverbindungen oder zum Entparaffinieren. Mono-, Di- und Triethanolamin sowie das Methyldiethanolamin spielen eine technisch sehr bedeutsame Rolle in Gasreinigungsverfahren zur Abtrennung saurer Gase (CO_2, H_2S). Bei der Zementherstellung dienen Triethanolamin oder dessen Salze als Mahlhilfsmittel."

2. Aliphatische Zwischenprodukte

2.1. Chlorkohlenwasserstoffe

Während die unsubstituierten Kohlenwasserstoffe nicht zu den Zwischenprodukten zu rechnen sind, werden Halogenkohlenwasserstoffe neben ihrer Verwendung als Lösungsmittel und als Kältemittel auch chemisch weiterverarbeitet, so daß einige Vertreter als Zwischenprodukte angesprochen werden können.

2.1.1. Methylchlorid

Für die Herstellung von Methylchlorid bietet sich das billige Methanol als Ausgangsmaterial an. Dieses wird mit Chlorwasserstoff bei geringem Überdruck und Temperaturen von ca. 300 °C über Tonerdekontakte geschickt, die fast quantitative Wasserabspaltung bewirken.

$$CH_3OH + HCl \rightarrow CH_3Cl + H_2O$$

Gegenüber der Methanchlorierung hat das Verfahren den Vorzug, daß es keinen Chlorwasserstoff erzeugt, für den in den meisten Betrieben ein Überangebot besteht. Das Verfahren kann die Methanchlorierung ergänzen, da es Chlorwasserstoff verbraucht.

Methylchlorid dient zur Einführung von Methylgruppen, beispielsweise bei der „Direkten Synthese" von Methylchlorsilanen für die Siliconherstellung.

$$Si + 2\,CH_3Cl \rightarrow (CH_3)_2SiCl_2$$

Durch Reaktion von Blei-Natrium-Legierung mit Methylchlorid wird das als Kraftstoffzusatz benötigte Tetramethylblei erhalten.

Ein weiteres großes Einsatzgebiet ist die Herstellung von Methylcellulose. Demgegenüber ist die Bedeutung des Methylchlorids für die Methylierung von Aminen geringer, da man für größere Produkte Methanol als Methylierungsmittel nimmt und nur bei kleineren Spezialprodukten mit Methylchlorid arbeitet. Auch die Methylierung von Schwefelwasserstoff, die für die Gewinnung von Dimethylsulfoxid technische Bedeutung besitzt, läuft unter Verwendung von Methanol.

2.1.2. Dichlormethan, Chloroform, Tetrachlorkohlenstoff

Die Chlorierung von Methan führt nacheinander zu Methylchlorid, Dichlormethan, Chloroform und Tetrachlorkohlenstoff.

$$CH_4 \rightarrow CH_3Cl \rightarrow CH_2Cl_2 \rightarrow CHCl_3 \rightarrow CCl_4$$

Dabei sind neben Methylchlorid Methylenchlorid und Tetrachlorkohlenstoff erwünscht; Chloroform spielt eine geringere Rolle. Es läßt sich meistens in ausreichender Menge als Nebenprodukt von Chlorierungen gewinnen, die auf eine der anderen Verbindungen gerichtet sind.

Die Chlorierungen werden bei Temperaturen um 400 °C vorgeommen; sie verlaufen über Radikalketten. Ausgangsmaterial ist Metzan, Methylchlorid oder eine Mischung der beiden. Man hat es in der Hand, entweder durch Arbeiten mit Chlorunterschuß bevorzugt niedrigchlorierte Produkte zu erhalten, oder durch Rückführung chlorierten Materials höherchlorierte Produkte.

Die jahrzehntelang betriebene Chlorierung von Schwefelkohlenstoff zu Tetrachlorkohlenstoff

$$CS_2 + 2\,Cl_2 \rightarrow CCl_4 + 2\,S$$

ist heute weitgehend abgelöst. Dagegen gewinnt die Perchlorierung höherer Kohlenwasserstoffe unter C—C-Spaltung an Bedeutung. Man arbeitet dabei unter Drucken bis zu 300 at. und Temperaturen um 600 °C. Selbst Aromaten gehen unter diesen Bedingungen in Tetrachlorkohlenstoff über.

Dichlormethan dient überwiegend als Löse-, Extraktions- und Abbeizmittel. Eine chemische Verarbeitung erfolgt, indem in Gegenwart von Aluminium ein Chloratom durch Brom ersetzt wird; Chlorbrommethan wird als Feuerlöschmittel eingesetzt.

$$CH_2Cl_2 \xrightarrow{Al;\ Br_2} CH_2ClBr$$

Auch Chloroform wird durch Halogenaustausch weiterverarbeitet, hauptsächlich zu Chlor-difluormethan, einem Vorprodukt des Tetrafluorethylens.

$$CHCl_3 \rightarrow CHClF_2 \rightarrow F_2C = CF_2$$

Kleinere Mengen werden auf Orthoameisensäureester verarbeitet oder im Zuge von Pharmasynthesen an Carbonylverbindungen addiert. Beispielsweise wird das im Abschnitt 1.3. erwähnte Regadrin® aus Aceton, Chloroform und p-Chlorphenol hergestellt.

Tetrachlorkohlenstoff wird heute hauptsächlich auf Fluorkohlenwasserstoffe verarbeitet. Beispielsweise erhält man mit Fluorwasserstoff in flüssiger Phase unter der katalytischen Wirkung von Antimonverbindungen Dichlor-difluormethan. Es dient als Treibmittel für Aerosole und als Kältemittel.

$$CCl_4 + 2\,HF \rightarrow CCl_2F_2 + 2\,HCl$$

Wegen der besonderen Stabilität des CCl_3-Radikals gelingt eine radikalische Anlagerung von Tetrachlorkohlenstoff an ein oder mehrere Olefinmoleküle, eine sogenannte Telomerisation. Interessant sind in der Sowjetunion durchgeführte Versuche, aus Tetrachlorkohlenstoff und drei Molekülen Ethylen Amino-oenanthsäure als Monomeres für ein Polyamid herzustellen.

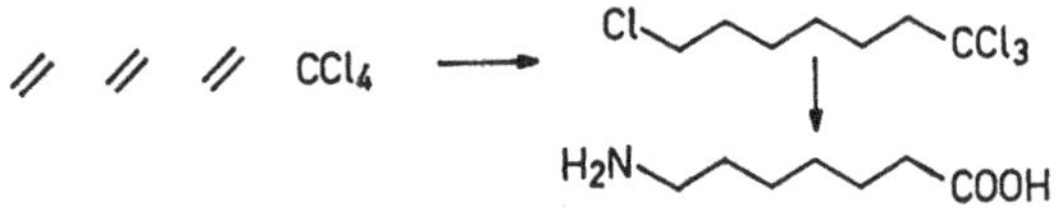

2.1.3. Benzylchlorid

Die Weltproduktion an Benzylchlorid liegt oberhalb 100000 Jahrestonnen. Die Herstellung erfolgt praktisch ausschließlich durch Chlorierung von Toluen. Als Radikalkette wird die Reaktion durch Belichtung initiiert.

$$Ph\text{-}CH_3 + Cl_2 \xrightarrow{80-110°C} Ph\text{-}CH_2Cl + HCl$$

Wird als Reaktionsprodukt nur das Benzylchlorid gewünscht, muß man die Chlorierung bei 30—40% Umsatz abbrechen; andernfalls entstehen Benzalchlorid und Benzotrichlorid, die als Vorstufen für Benzaldehyd bzw. Benzoylchlorid ebenfalls benötigt werden.

Benzylchlorid ist durch sein leicht bewegliches Halogen das Benzylierungsmittel der Wahl, beispielsweise für die Herstellung von Benzylcellulose. Technisch genutzt wird die Umsetzung mit wäßrigem Alkali zu Benzylalkohol, der als Lösungsmittel für hochmolekulare Verbindungen und als Färbereihilfsmittel dient. Benzylester werden aus Benzylchlorid mit carbonsauren Salzen erhalten. Beispielsweise ist Benzylacetat durch seinen Jasmingeruch ein wichtiger Riechstoff; Benzylbenzoat dient als Fixateur in der Parfümerie und als Weichmacher. Durch Umsetzung des Benzylchlorids mit Cyanid ist über das Nitril die Phenylessigsäure zugänglich, die beispielsweise in ein Penicillinderivat und als Methylester in den Riechstoffsektor geht. Phenylacetonitril ist Synthesebaustein für Pharmaka, Dibenzyldisulfid ein Antioxidans für Schmieröle.

2.2. *Olefine*

Die organisch-chemische Industrie basiert heute sehr weitgehend auf der Verarbeitung von Olefinen, deren Erzeugung durch Benzinpyrolyse bereits kurz abgehandelt wurde. Zu den typischen Zwischenprodukten werden sie nicht gerechnet; die großen Produktionsmengen lassen die Einordnung als Grundstoffe sinnvoller erscheinen. Die Olefinverarbeitung erscheint in den nachstehenden Abschnitten bei den Zwischenprodukten, die aus den Olefinen erhalten werden.

Der prozentual nicht sehr hohe, aber wegen der großen Durchsätze der Pyrolyseanlagen nicht unerhebliche Anfall von Cyclopentadien hat dazu geführt, daß man sich in den letzten Jahren um eine chemische Verarbeitung dieses Diolefins bemüht hat, so daß Cyclopentadien viele Züge eines Zwischenproduktes aufweist.

2.2.1. *Cyclopentadien*

Cyclopentadien wurde früher nur in kleinen Mengen aus Steinkohlenteer isoliert und spielte industriell keine Rolle. Bei der Benzinpyrolyse bilden sich, berechnet auf erzeugtes Ethylen, je nach Fahrweise 2—4% Cyclopentadien, so daß bei der heute üblichen Anlagengröße in einer Pyrolyseanlage ca. 10000 Jato Cyclopentadien entstehen. Es wird noch nicht überall isoliert, da die Verarbeitung erst in Gang kommt. Die Isolierung beruht darauf, daß Cyclopentadien mit dem niedrigen Siedepunkt von 40 °C in der leichtflüchtigen C—5-Fraktion auftritt, aber schnell das Dicyclopentadien bildet, das bei 173 °C siedet, und daher destillativ abgetrennt werden kann. Bereits beim Siedepunkt zerfällt das Dimere langsam in das Monomere.

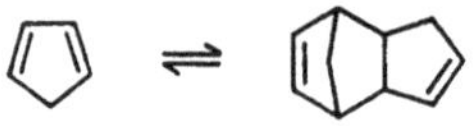

Im Hinblick auf eine Verwertung wurde die chemische Abwandlung sowohl des Monomeren als auch des Dimeren eingehend untersucht. Für das Cyclopentadien wurden die partielle Hydrierung zum Cyclopenten, die Chlorierung mit Hypochlorit zum Perchlorcyclopentadien und die DIELS-ALDER-Reaktion ausgearbeitet.

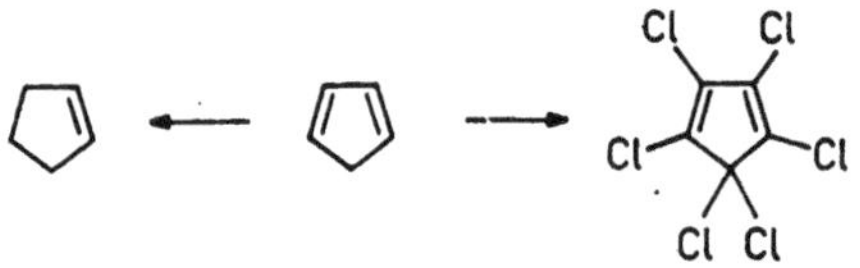

So entsteht mit Ethylen Norbornen, mit Butadien unter nachträglicher Verschiebung einer Doppelbindung Ethyliden-norbornen. Auch die Cycloaddition mit „klassischen" Philodienen wie Maleinsäureanhydrid oder Acrolein wurde unter technischen Aspekten bearbeitet.

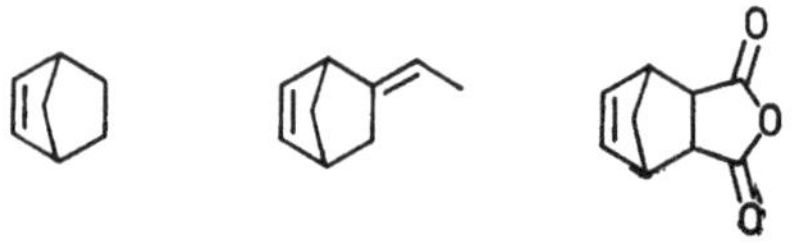

Cyclopenten läßt sich unter Ringöffnung zu einem dem Naturkautschuk ähnlichen Elastomer polymerisieren. Man nimmt an, daß die Polymerisation nach dem Prinzip der Olefinmetathese verläuft, also über eine völlige Öffnung der ursprünglichen Doppelbindung und Neuverknüpfung der Bruchstücke.

Als typisches Olefin kann Cyclopenten zur C-Alkylierung von Phenolen eingesetzt werden. Oxydative Ringöffnung bietet die Möglichkeit der Herstellung von 1.5-difunktionellen Verbindungen.

Perchlorcyclopentadien dient vor allem zur Herstellung chlorhaltiger Insecticide, daneben zur Flammfestmachung von Kunststoffen. Zur Herstellung solcher Insecticide setzt man in einer DIELS-ALDER-Reaktion mit Cyclopentadien oder Norbornen um.

Der Einsatz von Cyclopentadien für Pesticide lag 1973 in der Größenordnung von einigen 10000 Jato. Vergleichbare Mengen gingen in den Kunststoffsektor, wo sich das Maleinsäureanhydrid-Addukt bei der Herstellung von Alkydharzen bewährt hat. Ethyliden-norbornen gewinnt als Zwischenprodukt für synthetischen Kautschuk Bedeutung.

Das Hydrierungsprodukt des Dicyclopentadiens ist dadurch bekannt geworden, daß es sich durch Aluminiumhalogenide in Adamantan umlagern läßt. Das daraus zugängliche 1-Amino-adamantan und einige seiner Derivate sind für die Prophylaxe gegen Viruserkrankungen von Interesse.

2.3. *Alkohole*

Unter den technisch verwendeten Alkoholen ist Methanol das größte Produkt und deshalb schon bei den Roh- und Grundstoffen abgehandelt. Von Bedeutung als Zwischenprodukte sind die einwertigen Alkohole mit zwei, drei und vier Kohlenstoffatomen, das über eine Aldolkondensation von n-Butyraldehyd und Hydrierung hergestellte 2-Ethylhexanol sowie die Alkohole von C-12 aufwärts. Letztere werden im Abschnitt über längerkettige

Paraffine und ihre Abkömmlinge besprochen. Zweiwertige Alkohole erscheinen bei den Epoxiden, über die sie technisch hergestellt werden.

2.3.1. Ethanol

Die Gewinnung von Ethanol erfolgt in Europa überwiegend durch alkoholische Gärung; in einigen Ländern, vor allem in den USA, wird Ethanol in allergrößtem Maßstab durch Wasseranlagerung an Ethylen hergestellt. Die größte Anlage soll 600000 Jato erzeugen. Als Katalysator des zwischen 200 und 300 °C ablaufenden Prozesses dient Phosphorsäure auf geeigneten Trägern.

$$H_2C=CH_2 \xrightarrow{H_2O} CH_3{-}CH_2OH$$

Die chemische Verarbeitung von Ethanol erreicht mengenmäßig nicht den Einsatz für Genußzwecke, jedoch ist Ethanol als Zwischenprodukt nicht ohne Bedeutung. Die in erheblichen Mengen durchgeführte Produktion von Ethylaminen basiert überwiegend auf Ethanol. Zur Einführung der Ethylgruppe in kompliziertere Moleküle, beispielsweise in der Pharmasynthese, dienen Ethylhalogenide, die man aus Ethanol und den entsprechenden Halogenwasserstoffsäuren herstellt. Wichtig ist Ethanol als Veresterungs- und Veretherungskomponente, allerdings nicht für Essigsäure, deren Ethylester durch Disproportionierung von Acetaldehyd zugänglich ist.

Ethanol ist Zwischenprodukt für Diethylether. Er wird technisch hergestellt, indem Ethanol bei 200 °C an Alaun dehydratisiert wird.

$$CH_3{-}CH_2OH \rightarrow CH_3{-}CH_2OCH_2{-}CH_3 \qquad ClCH_2{-}CHCl{-}OC_2H_5$$

Diethylether wird kaum chemisch weiterverarbeitet. Die Chlorierung diente früher zur Gewinnung von $\alpha.\beta$-Dichlorether, der als Äquivalent des Chloracetaldehyds für die Synthese heterocyclischer Verbindungen auf dem Pharmasektor eingesetzt wurde.

Relativ große Mengen Ethanol wurden durch Chlorierung zu Chloral verarbeitet, modernere Verfahren arbeiten mit Acetaldehyd. Chloral hat eine, allerdings abnehmende, Bedeutung im Pflanzenschutz. Es war bekanntlich Zwischenprodukt des seinerzeit bedeutenden Insecticids DDT. Chloralhydrat wird als Herbicid verwendet; auch einige wichtige insecticide Phosphorsäureester leiten sich vom Chloral ab.

2.3.2. Butanol; Isobutanol

Ältere Prozesse einer Herstellung von Butanol durch Gärung wurden abgelöst, als durch die Herstellung von Butadien nach dem Vierstufenverfahren Crotonaldehyd als Nebenprodukt anfiel. Die nicht ganz zu vermeidende Wasserabspaltung aus Acetaldol lieferte den ungesättigten Aldehyd, der sich an Kupferkatalysatoren zum Butanol hydrieren läßt.

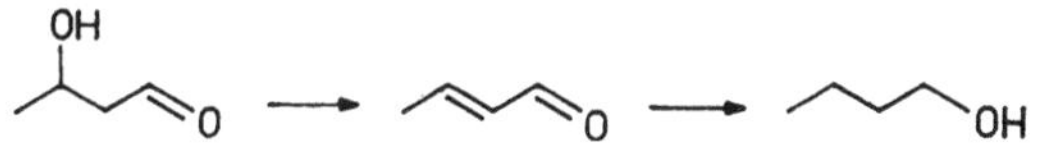

Der durch die Plastverarbeitung stark angestiegene Bedarf an C—4- und C—8-Verbindungen fand ein zur Großproduktion geeignetes Verfahren vor. Durch Hydroformylierung, also gemeinsame Anlagerung von Kohlenoxid und Wasserstoff an Propen, entsteht eine Mischung von n- und Isobutyraldehyd, in der die unverzweigte Verbindung überwiegt. Die Reaktion wird oberhalb 100 °C in homogener Phase durchgeführt, wobei Kobaltverbindungen, bei neueren Verfahren Rhodiumverbindungen, als Katalysator dienen.

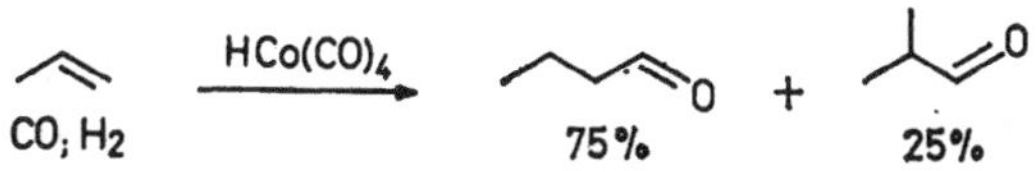

Die Aldehyde werden zu den Alkoholen hydriert. Daneben wird n-Butyraldehyd zum ungesättigten C—8-

Aldehyd dimerisiert, der seinerseits zum gesättigten Alkohol, dem 2-Ethylhexanol, hydriert wird.

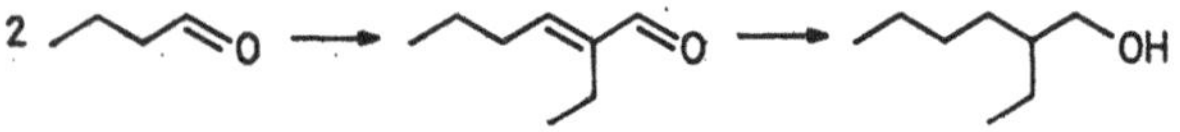

Die Hauptmenge des Butanols dient als Lösungsmittel. Chemische Weiterverarbeitung erfolgt hauptsächlich durch Veresterung, wobei die erhaltenen Ester wieder als Lösungsmittel eingesetzt werden. Dibutylester von Dicarbonsäuren werden als Weichmacher verwendet, insbesondere das Dibutylphthalat.

2-Butanol kann durch Wasseranlagerung sowohl aus 1-Buten als auch aus einem 2-Buten erhalten werden. Zur Hydratisierung dieser unverzweigten Olefine ist 75—80-proz. Schwefelsäure erforderlich. Für das verzweigte Isobuten ist 65-proz. Schwefelsäure ausreichend, was zu einer Reaktionstrennung ausgenutzt werden kann.

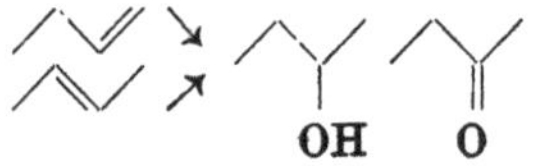

Die Hauptmenge des 2-Butanols wird zum Butanon oxydiert, das als Lösungsmittel eingesetzt wird. Mit Wasserstoffperoxid entsteht aus Butanon ein Gemisch acetalischer Peroxide, das als Polymerisationsauslöser dient.

2.3.3. Butindiol, Butendiol, Butandiol

Die bereits als Bestandteil der Acetylenfolgechemie erwähnte Umsetzung von Formaldehyd mit Acetylen unter Druck führt zum Butindiol. Die Reaktion wird durch Kupferacetylid katalysiert. Der Prozeß wurde ursprünglich ausgearbeitet, um durch Hydrierung über Butendiol zum Butandiol zu gelangen und daraus durch Wasserabspaltung Butadien zu gewinnen. Die durchlaufenen Diole haben sich inzwischen zu bedeutenden Zwischenprodukten entwickelt.

Beispielsweise führt Chlorierung des Butindiols zur Mucochlorsäure. Butendiol ist Bestandteil des Insecticids Thiodan®, in das es durch Diels-Alder-Addition an Perchlorcyclopentadien eingeht.

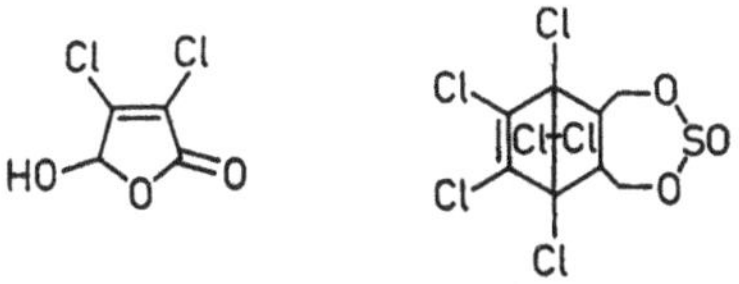

1.4-Butandiol kann einerseits durch Wasserabspaltung in Tetrahydrofuran übergeführt werden, andererseits durch dehydrierenden Ringschluß in Butyrolacton, die Vorstufe für N-Methyl-pyrrolidon, ein wichtiges Lösungsmittel und Extraktivlösungsmittel.

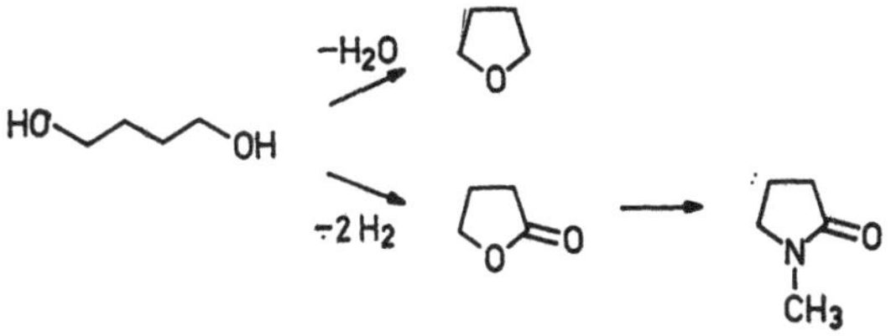

Wichtig ist 1.4-Butandiol als Komponente für Polyester und Polyurethane.

2.4. *Epoxide*

2.4.1. *Ethylenoxid*

Die Weltproduktion an Ethylenoxid betrug 1980 5 Mill. Tonnen. Das alte Herstellungsverfahren über Ethylenchlorhydrin ist heute fast völlig aufgegeben, wozu man sich umso leichter entschließen konnte, als sich die vorhandenen Anlagen auf die Erzeugung von Propylenoxid umstellen ließen, und inzwischen in der Direktoxydation von Ethylen ein überlegenes, auch erheblich umweltfreundlicheres Verfahren zur Verfügung steht.

Dieses Verfahren, nach dem 95% der Welterzeugung hergestellt werden, läuft als Reaktion zwischen Ethylen und Sauerstoff an metallischem Silber bei Temperaturen um 250 °C ab.

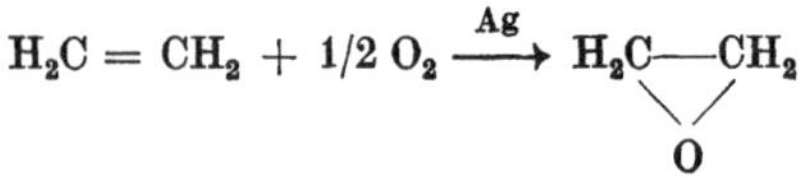

Die Ausbeute erreicht 85%.

Fast alle Reaktionen des Ethylenoxids verlaufen als Oxethylierungen nach dem Schema

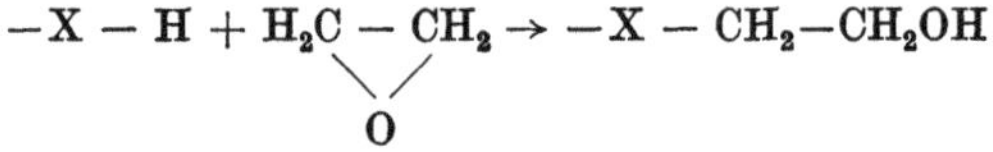

wobei entweder durch Protonierung des Epoxidsauerstoffs Säurekatalyse oder durch Deprotonierung des aciden Partners Basenkatalyse wirkt.

Die wichtigsten Reaktionstypen sind nachfolgend zusammengestellt:

$-X-H$	$=H_2O$	→ Glycol
	$=ROH$	→ Glycolether
	$=R-COOH$	→ Glycolester
	$=HCl$	→ Ethylenchlorhydrin
	$=RSH$	→ Thioglycolether
	$=R_2NH$	→ Ethanolamine
	$=R_3CH$	→ Primäre Alkohole

Da die Reaktionsprodukte wieder Hydroxylgruppen enthalten, können sich weitere Oxethylierungen anschließen, so daß oligomere und schließlich polymere Substanzen gebildet werden.

Zur Herstellung von Glycol werden etwa 60% des produzierten Ethylenoxids eingesetzt, obwohl sich die Mehrzahl der Derivate des Glycols direkt aus Ethylenoxid herstellen läßt. Der hohe Bedarf an Glycol kommt durch den Einsatz als Frostschutzmittel sowie für Synthesefasern (Terylen®, Grisuten®), Polyester aus Glycol und Terephthalsäure. Je etwa 10% des Ethylenoxids gehen in oberflächenaktive Verbindungen und in Ethanolamine.

Die Herstellung von Glycol aus Ethylenoxid und Wasser läuft oberhalb 150 °C ab. Diglycol und oligomere Glycolether fallen immer mit an, bei technischen Prozessen zwischen 15 und 30%. Da es auch für diese Produkte Einsatzgebiete gibt, ist es unter Umständen erwünscht, deren Anteil zu erhöhen, was beispielsweise durch hohe Konzentrationen an Ethylenoxid möglich ist. Glycol, Diglycol und Triglycol werden destillativ getrennt. Zur Herstellung höhermolekularer Ether, sogenannter Polyglycole, geht man vom Glycol aus und setzt mit Ethylenoxid um. Diese Polyglycole werden als Wachse und oberflächenaktive Verbindungen eingesetzt.

Aus Diglycol wird durch säurekatalysierten Ringschluß 1.4-Dioxan erhalten.

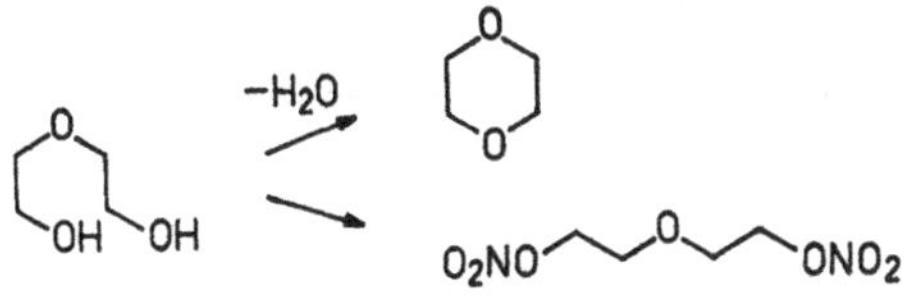

Das Dinitrat des Diglycols hat im 2. Weltkrieg eine erhebliche Rolle als Sprengstoff gespielt.

Aus Glycol wird durch Oxydation mit Sauerstoff in der Gasphase an Dehydrierungskatalysatoren Glyoxal hergestellt. Es liegt in wäßriger Lösung hydratisiert vor.

$$HOCH_2-CH_2OH \rightarrow OCH-CHO$$

Glyoxal wird in größerer Menge in der Papierindustrie eingesetzt, um die Naßfestigkeit des Papiers zu erhöhen, sowie nach Kondensation mit Harnstoff in der Textilindustrie. Als Synthesebaustein findet es in der Farbenindustrie Anwendung. Die Bildung von Heterocyclen bei der Kondensation mit α-Aminosäureamiden wird für die Synthese von Intensivaromastoffen mit Pyrazinstruktur ausgenutzt.

Entsprechend dem gegebenen Schema führt die Reaktion von Alkoholen mit Ethylenoxid zu Glycolethern. Die Ether der niederen Alkohole dienen hauptsächlich als Lösungsmittel, beispielsweise in der Lackindustrie. Diglycol-monoether werden als Bremsflüssigkeiten bei Kraftfahrzeugen verwendet. Phenyl- und Benzylether werden als Fixateure in der Parfümerie benutzt, um die Flüchtigkeit der Duftstoffe herabzusetzen. Glycolether von höheren Fettalkoholen wirken als Emulgatoren, Polyglycolether von Alkylphenolen als Waschmittel.

Glycolester entstehen leicht aus Ethylenoxid und Carbonsäuren, wobei man es durch Variierung der Konzentrationen und Wahl von sauren oder basischen Katalysatoren in der Hand hat, Glycolester, Glycol-diester oder einen Monoester des Diglycols entstehen zu lassen.

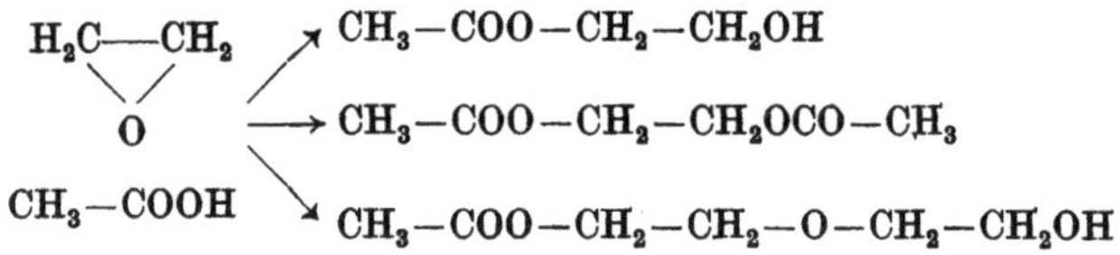

Der Einsatz geeigneter Ester erfolgt als Lösungsmittel auf dem Lacksektor und als Weichmacher auf dem Kunststoffsektor.

Ethylenchlorhydrin war früher Zwischenprodukt für Ethylenoxid, in das es durch Einwirkung von Lauge außerordentlich leicht übergeht. Heute wird umgekehrt aus Ethylenoxid und Chlorwasserstoffsäure in geringem Umfang Ethylenchlorhydrin hergestellt.

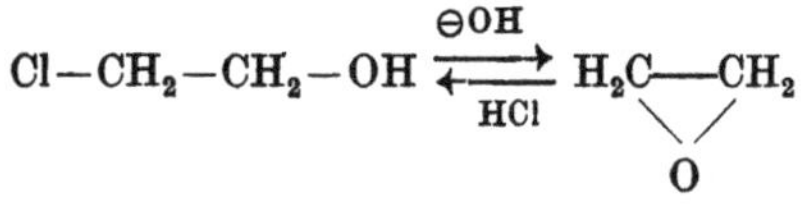

Ethylenchlorhydrin dient zur Herstellung bifunktioneller Alkylierungsmittel, beispielsweise durch Veretherung oder Acetalisierung.

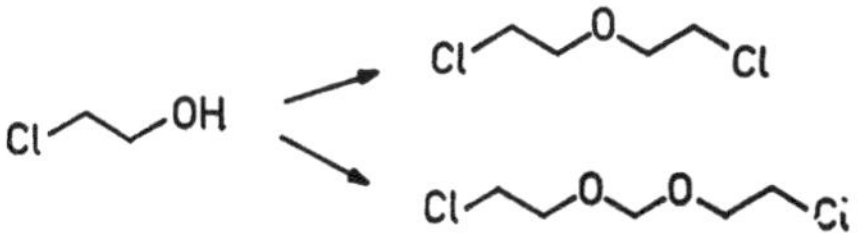

Der Phosphorigsäureester des Ethylenchlorhydrins ist Zwischenprodukt für Chlorethan-phosphonsäure, die als Halmstabilisator für Roggen eingesetzt wird. Die Synthese erfolgt aus Ethylenoxid und Phosphortrichlorid.

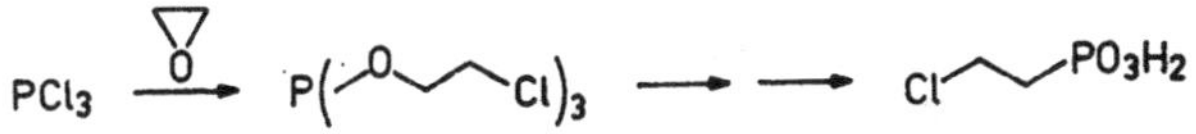

Die Umsetzung von Ethylenoxid mit wäßrigem Ammoniak läuft oberhalb 100 °C ab und führt zu Mischungen von Mono-, Di- und Triethanolamin. Durch Variierung der Konzentration, eventuell auch durch Rückführung von Monoethanolamin in den Prozeß, kann man den Anfall der einzelnen Amine steuern.

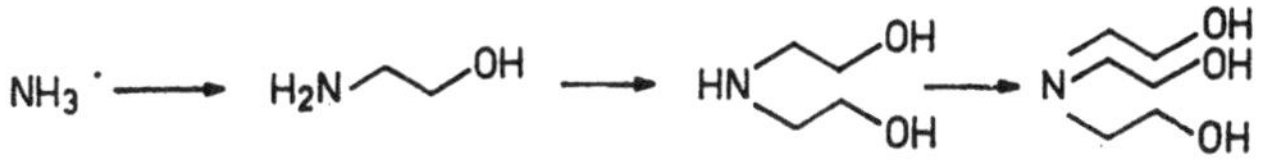

Ebenso ist die Oxethylierung von primären und sekundären aliphatischen Aminen möglich.

Ethanolamine sind bekannt als Zwischenprodukte der pharmazeutischen Industrie, beispielsweise für Novocain®.

$$p\text{-}NH_2\text{-}C_6H_4\text{-}COO\text{-}CH_2\text{-}CH_2\text{-}N(C_2H_5)_2$$

In der Farbenindustrie werden Zwischenprodukte oxethyliert, um die Löslichkeit von Farbstoffen zu modifizieren. Auch für die antistatische Ausrüstung von Kunstfasern und für viele bereits im Abschnitt 1.3. erwähnte Modifizierungen von Eigenschaften spielen N-Hydroxyethylgruppierungen eine Rolle.

Die Oxethylierung von Blausäure diente früher zur Herstellung von Acrylnitril. Das Verfahren ist aber heute von der Ammoxydation des Propens verdrängt.

Unter FRIEDEL-CRAFTS-Bedingungen ist sogar eine Oxethylierung von Aromaten möglich. Davon macht man zur Herstellung von β-Phenylethylalkohol aus Benzen und Ethylenoxid Gebrauch.

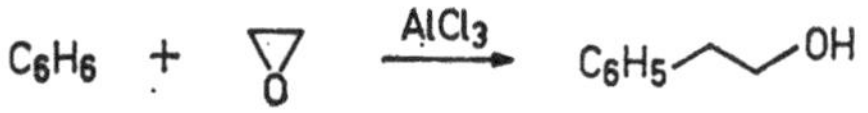

Der Alkohol geht als synthetisches Rosenöl in die Parfümerie.

Zur Gewinnung von Acetalen des Glycols geht man in der Technik ebenfalls vom Ethylenoxid aus, das in Gegenwart von LEWIS-Säuren mit Aldehyden cyclische Acetale, sogenannte 1.3-Dioxolane bildet. Die vom Acetaldehyd abgeleitete Verbindung dient als Lösungsmittel.

2.4.2. *Propylenoxid*

Das nächsthöhere Homologe des Ethylenoxids, das Propylenoxid, hat sich ebenfalls zu einem sehr großen Zwischenprodukt entwickelt, dessen produzierte Menge 1980 bei 3,75 Millionen Tonnen lag. Für die Herstellung war man lange Zeit auf ein Chlorhydrinverfahren festgelegt, da einerseits durch Umstellung der Ethylenoxidproduktion auf Direktoxydation Anlagen frei wurden, in denen man Propylenoxid produzieren konnte, und da andererseits alle Versuche scheiterten, bei eine Direktoxydation von Propen wirtschaftlich attraktive Ausbeuten zu erhalten.

Die Propylenoxidausbeuten betragen beim Chlorhydrinverfahren ca. 90%. Nebenprodukte sind 1.2-Dichlorpropan und ein Gemisch von stellungsisomeren und stereoisomeren Dichlorpropylethern.

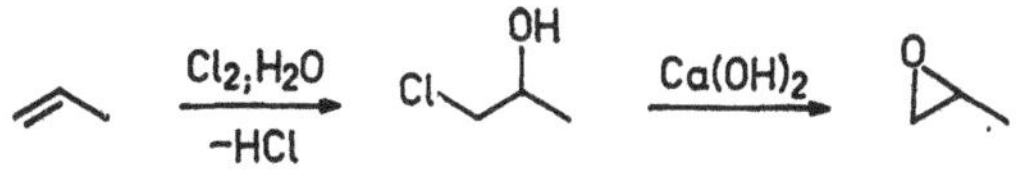

Aus einem dieser angefallenen Nebenprodukte läßt sich das Fungicid Tridemorph herstellen.

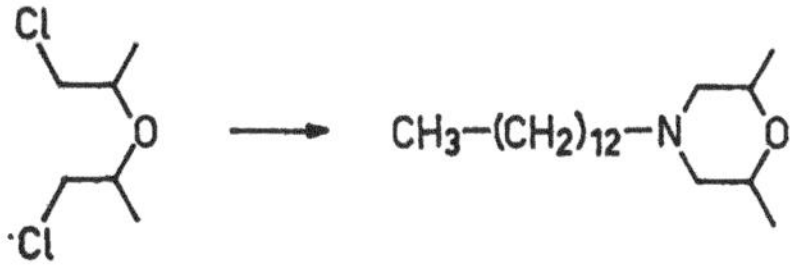

Ende der Sechzigerjahre ging das sogenannte HALCON-Verfahren in Betrieb, nach dem 10 Jahre später etwa ein Viertel des Propylenoxids produziert wurde, zum Teil in Anlagen mit einer Kapazität von 150000 Jato. Propen wird mit einem Alkylhydroperoxid in flüssiger Phase epoxidiert, wobei eine lösliche Molybdänverbindung als Katalysator wirkt.

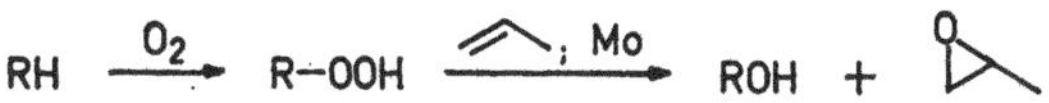

Da das Alkylhydroperoxid aus dem entsprechenden Alkan durch Peroxygenierung mittels Luftsauerstoff hergestellt wird, ist das Verfahren mit der Umwandlung des Alkans in den entsprechenden Alkohol gekoppelt. Man geht entweder vom Isobutan aus und bringt das tert.-Butanol als Kraftstoffkomponente unter, oder man geht vom Ethylbenzen aus und dehydratisiert den α-Phenylethylalkohol zum Styren.

Ein neueres Verfahren benutzt zur Epoxidierung des Propylens Perpropionsäure. Sie geht dabei in Propionsäure über, die mit Wasserstoffperoxid wieder in die Persäure umgewandelt wird. Das Verfahren arbeitet also ohne Koppelprodukte.

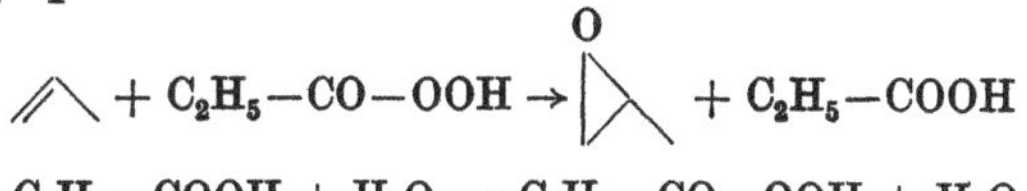

$$C_2H_5{-}COOH + H_2O_2 \rightarrow C_2H_5{-}CO{-}OOH + H_2O$$

Propylenoxid wird von nucleophilen Partnern am weniger substituierten C-Atom angegriffen, so daß die Reaktionsprodukte eine sekundäre Hydroxylgruppe enthalten. Beispielsweise entstehen mit Ammoniak der sekundäre Aminoalkohol und höhere Isopropanolamine.

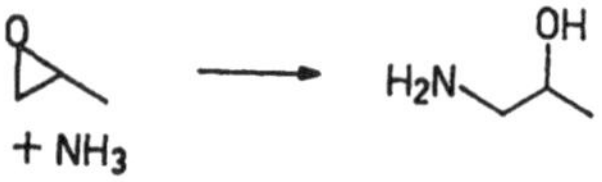

Dagegen wird bei Säurekatalyse der Epoxidring bevorzugt am mittleren C-Atom geöffnet, so daß die eintretende Gruppe die 2-Stellung besetzt.

Umsetzung von Propylenoxid mit Wasser führt zu Propylenglycol; daneben entstehen wie beim Ethylenoxid oligomere Ether. Propylenglycol dient beispielsweise als Frostschutzmittel bei Kraftfahrzeugen. Cooligomere von Propylenoxid und Ethylenoxid werden als Tenside verwendet (Nonionics).

Ein großes Einsatzgebiet des Propylenoxids sind die Polyurethane, deren Diol-komponenten man erhält, indem man einfache Diole mit Propylenoxid zu oligomeren Etheralkoholen mit einem Molgewicht von ungefähr 1000 umsetzt.

Die Verfügbarkeit des Propylenoxids in allergrößtem Maßstab hat Entwicklungen ausgelöst, andere Zwischenprodukte zu gewinnen. Zu nennen ist die Isomerisierung zum Allylalkohol, dem Vorprodukt der chlorfreien Glycerol-Synthese (2.5.3.). In der Hydroformylierung des

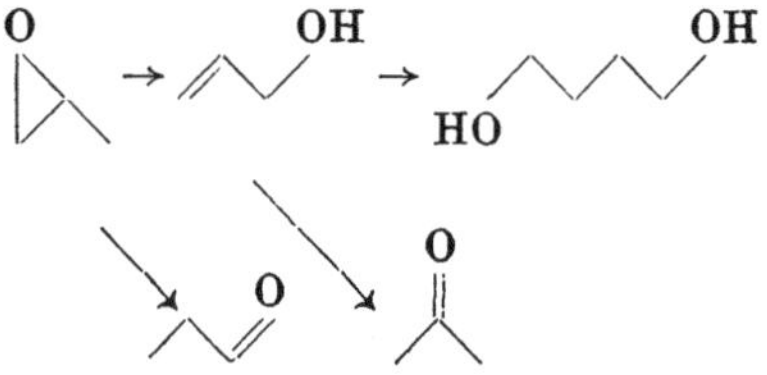

Allylalkohols deutet sich ein neuer Zugang zum 1.4-Butandiol an.

Auch Isomerisierungen zu Propionaldehyd und Aceton sind möglich.

2.4.3. Epichlorhydrin

Durch zwei große Einsatzgebiete, die Epoxidharze und die Glycerolsynthese, ist Epichlorhydrin zu einem größeren Zwischenprodukt geworden. Jede dieser beiden Anwendungen nimmt etwa die Hälfte der produzierten Menge auf, die 1974 bereits mehr als 1/2 Mill. Tonnen betrug.

Die Herstellung erfolgt über Allylchlorid, das durch Heißchlorierung von Propen gewonnen wird. Bei diesem Verfahren vermeidet man die Chloranlagerung an die Doppelbindung des Propens, indem man die Komponenten bei hohen Temperaturen reagieren läßt. Die Gase werden vorerhitzt und reagieren bei 500 °C miteinander.

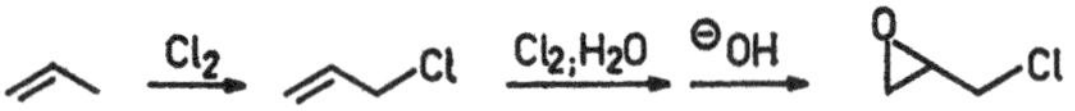

Umsetzung des Allylchlorids mit Chlor in Gegenwart von Wasser führt zu einem Gemisch isomerer Chlorhydrine, das mit Calciumhydroxid zum Epichlorhydrin cyclisiert wird.

In seinen Reaktionen ist Epichlorhydrin dadurch interessant, daß Umsetzungen an der Epoxidgruppe zu einem Chlorhydrin, in Gegenwart von Alkali zu einem neuen Epoxid führen, das weitere Reaktionen eingehen kann.

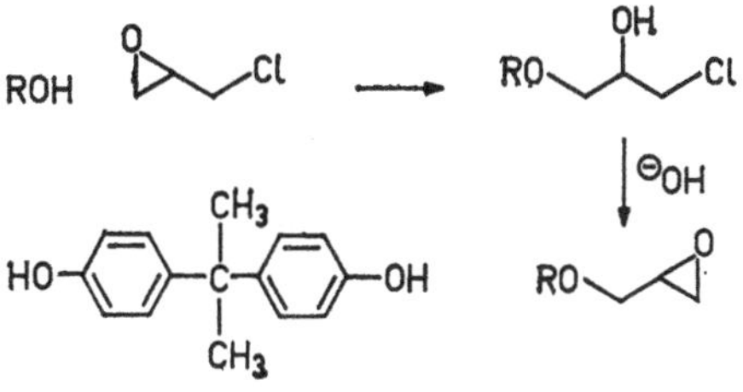

Bisphenol A als zweiwertige Hydroxylverbindung führt nach diesem Prinzip zu hochmolekularen Verbindungen, den Epoxidharzen.

Das gleiche Syntheseprinzip wird bei der Synthese einer neuen Klasse von Herz-Kreislauf-Mitteln angewendet. Acide Komponenten, im formulierten Fall α-Naphthol, werden mit Epichlorhydrin und anschließend mit Isopropylamin umgesetzt.

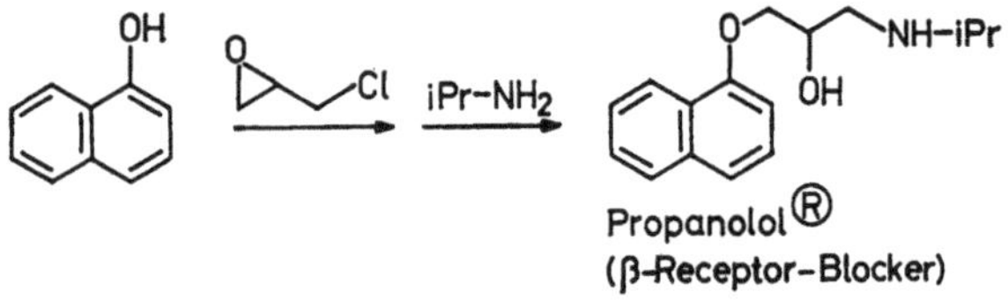

Zur Gewinnung von Glycerol verseift man Epichlorhydrin mit 10-proz. Natronlauge oberhalb 100 °C. Die Ausbeute ist fast quantitativ.

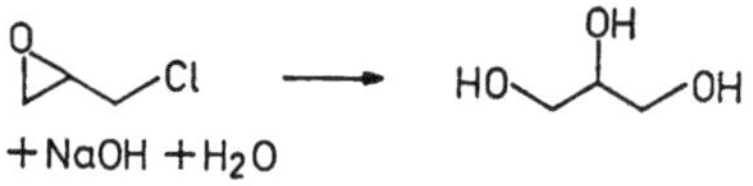

2.5. *Aldehyde und Ketone*

2.5.1. *Formaldehyd*

Formaldehyd ist eins der großen Produkte der chemischen Industrie. In der Statistik von 1977 rangierte es mengenmäßig an 21. Stelle. In Anlagen bis zu 150000 Jato werden im Weltmaßstab mehrere Millionen Jato produziert.

Die Herstellung erfolgt im Prinzip noch nach einer von A. W. Hofmann 1867 angegebenen Reaktion. Methanol spaltet bei 600—700 °C an metallischem Silber Wasserstoff unter Entstehung von Formaldehyd ab. Bei diesen Temperaturen liegt das Gleichgewicht

$$CH_3OH \rightleftarrows CH_2O + H_2$$

weitgehend auf der rechten Seite. Da die Reaktion endotherm ist ($\Delta H = 84$ kJ/Mol), arbeitet man unter Zusatz von Luft, so daß eine teilweise Verbrennung des Wasserstoffs die nötige Energie liefert.

Neuere Verfahren verwenden anstelle des Silbers Katalysatoren aus Eisenoxid und Molybdänoxiden, die schon unterhalb 400 °C Ausbeuten über 95% ergeben.

Die mehrfach bearbeitete partielle Oxydation von Methan zu Formaldehyd ist kein Konkurrent der Methanoldehydrierung geworden. Man erhält bei 620 °C in Gegenwart von Stickoxid einige Prozente an Formaldehyd. Das restliche Methan ist jedoch durch Nebenprodukte verunreinigt und kann nicht in den Prozeß zurückgeführt werden, der sehr reines Methan benötigt.

Etwa die Hälfte des Formaldehyds wird zur Herstellung von Harnstoff-Formaldehyd- und Phenol-Formaldehyd-Kondensaten verwendet. Ein dritter Großverbraucher sind die Kondensationsprodukte mit 2.4.6-Triamino-1.3.5-triazin, die Melaminharze.

Formaldehyd wird in Form seiner wäßrigen Lösung, des Formalins, als Konservierungsprodukte verwendet. Die ähnliche Wirkung einiger Kondensationsmittel des Formaldehyds dürfte auf einer langsamen Freisetzung von Aldehyd beruhen.

Formaldehyd spielt vom Labor- bis zum großtechnischen Maßstab eine wichtige Rolle durch sein Redoxverhalten, vor allem aber durch seine Fähigkeit zur Kondensation mit aciden Gruppen. Er ist einerseits ein starkes Reduktionsmittel, was beispielsweise zum Verspiegeln von Glas mit Silbersalzen ausgenutzt wird. Andererseits werden Methylolgruppen leicht reduziert, so daß man bei der Synthese von Zwischenprodukten und Pharmaprodukten oft mit einer Mischung von Formaldehyd und Ameisensäure N-methyliert.

$$R{-}NH_2 \xrightarrow{CH_2O;\ HCOOH} R{-}N(CH_3)_2$$

Zu den zahlreichen Anwendungen von Formaldehyd als Kondensationsmittel gehört die Bildung von Urotropin aus Ammoniak, vor allem aber die in der Pharma-Synthese viel benutzte MANNICH-Reaktion, bei der Formaldehyd ein sekundäres Amin mit einer C—H-aciden Verbindung verknüpft.

$$R_3CH \quad CH_2O \quad HNR_2 \rightarrow R_3C-CH_2-NR_2$$

Auch Säureamidstickstoff wird häufig mit Formaldehyd umgesetzt. Die zunächst gebildeten N-Methylolverbindungen können mit einer Drittkomponente unter Wasserabspaltung reagieren. Man benutzt beispielsweise N-Methylolverbindungen ungesättigter Säureamide zur Knitterfestausrüstung von Textilien.

Auch Phenol-Formaldehyd-Kondensate können noch kondensationsfähige Gruppen enthalten, so daß man ihre Sulfonierungsprodukte als synthetische Gerbstoffe einsetzt.

Als Synthesebaustein findet Formaldehyd Anwendung in der Chlormethylierungsreaktion von Aromaten, beispielsweise bei der Herstellung von Ionenaustauschern. Dabei kann es zweckmäßig sein, anstelle des Formaldehyds seinen Abkömmling Monochlor-dimethylether zu verwenden.

$$Ar-H + CH_2O + HCl \xrightarrow{-H_2O} Ar-CH_2Cl$$

Durch Verknüpfung von zwei Molekülen Anilin läßt sich 4.4'-Diamino-diphenylmethan gewinnen, das als bifunktionelles Amin zur Herstellung eines Diisocyanats dient.

$$2Ph-NH_2 + CH_2O \xrightarrow{-H_2O} p-H_2N-C_6H_4-CH_2-C_6H_4-p-NH_2$$

Auch Olefine reagieren mit Formaldehyd. So gelangt man vom Styren zu Abkömmlingen eines 1.3-Diols, vom Isobuten zum Isopren (vgl. 4.1.9).

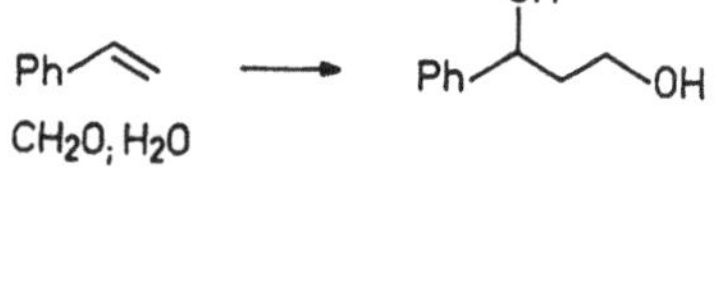

Ein weiteres Anwendungsgebiet für Formaldehyd wurde von W. Reppe durch die Anlagerung an Acetylene erschlossen. 1:1-Anlagerung führt zum Propargylalkohol, die besonders wichtige 2:1-Anlagerung zum Butindiol, dessen Bedeutung als Zwischenprodukt im Abschnitt 2.3.3. aufgezeigt wurde.

$$HC{\equiv}CH \xrightarrow{CH_2O} HC{\equiv}C{-}CH_2OH$$
$$\xrightarrow{CH_2O} HOCH_2{-}C{\equiv}C{-}CH_2OH$$

Schließlich reagieren auch Ketone mit Formaldehyd. Aus Aceton und Formaldehyd wird Methylvinylketon hergestellt.

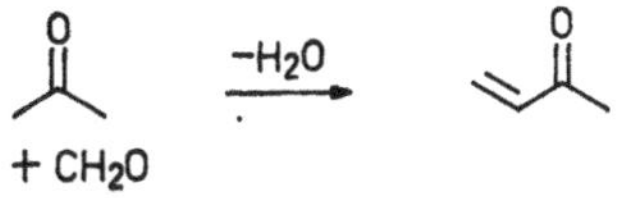

2.5.2. *Acetaldehyd*

Acetaldehyd wurde als Vorstufe der Essigsäuregewinnung, vor allem aber als Vorprodukt für die Bunaherstellung zu einem der großen Zwischenprodukte. Die Weltproduktion dürfte heute 2—3 Mill. Jato betragen. Die Herstellung kann nach drei Verfahren erfolgen:

Die älteste Darstellungsweise, der der Aldehyd seinen Namen verdankt (Aldehyd=Alkohol dehydrogenatum) wird auch heute noch großtechnisch ausgeführt, wo billiger Ethylalkohol zu Verfügung steht. Man dehydriert Ethylalkohol mit Sauerstoff wenig unterhalb 300 °C an Cu- und Cr-haltigen Kontakten.

$$CH_3{-}CH_2OH \rightarrow CH_3{-}CHO$$

In der DDR und anderen Ländern, die eine starke Acetylenbasis beibehalten haben, wird Acetaldehyd in großem Maßstab durch Wasseranlagerung an Acetylen gewonnen. Diese Reaktion ist seit Anfang des Jahrhunderts bekannt und verläuft in stark saurer Lösung in Gegenwart von Quecksilbersalzen.

$$HC\equiv CH \xrightarrow[90^\circ C]{HgX_2;\ H_2SO_4;H_2O} \left[\begin{array}{l} \qquad HC{=}CHOH \\ \quad\ / \\ XHg \end{array} \right] \rightarrow CH_3{-}CHO$$

Problematisch ist die Handhabung des Quecksilbers. Da durch Nebenreaktionen Quecksilbersalze zum Metall reduziert werden, gibt man zur Rückoxydation Eisen-III-salz zu, das seinerseits mit Salpetersäure oxydiert wird.

Als durch die Entwicklung der Petrolchemie Ethylen als Grundstoff zur Verfügung stand, setzte sich in vielen Ländern ein Verfahren durch, bei dem Ethylen durch stöchiometrische Mengen Palladium-II-chlorid zum Acetaldehyd oxydiert wird (WACKER-Verfahren).

$$H_2C{=}CH_2 \xrightarrow{H_2O} CH_3CHO + Pd + 2\,HCl + PdCl_2$$

Der Prozeß läßt sich katalytisch gestalten, indem das nullwertige Palladium laufend durch zweiwertiges Kupfer rückoxydiert wird, und das Kupfer durch Sauerstoff von der einwertigen zur zweiwertigen Stufe oxydiert wird. Die Stöchiometrie der Gesamtreaktion

$$O_2 + 2\,H_2C{=}CH_2 \xrightarrow{Pd;\ Cu^{++}} 2\,CH_3{-}CHO$$

wird mit einer Ausbeute von 95% erreicht. Die Ausnützung des Sauerstoffs ohne stöchiometrische Bildung eines Koppelproduktes, um die man sich bei der Epoxidierung des Propens und der Gewinnung von Phenol aus Benzen bisher vergeblich bemüht hat, ist hier verwirklicht.

Großverbraucher von Acetaldehyd sind die an anderer Stelle beschriebenen Oxydationen zu Essigsäure bzw. Acetanhydrid und die Kondensation zum Acetaldol als erste Stufe der Butadiensynthese.

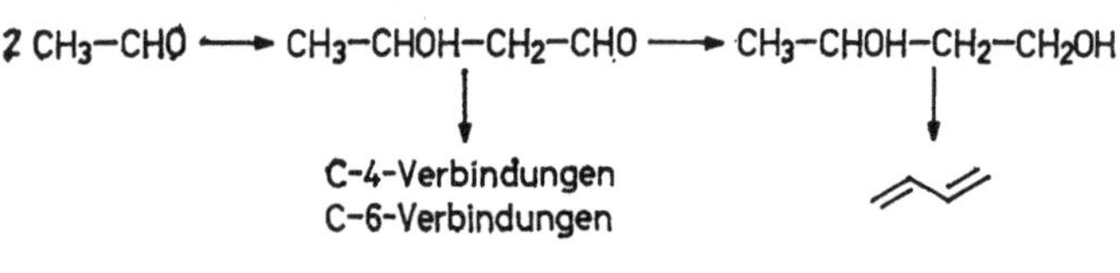

Das Verfahren hat eine für heutige Großproduktionen kaum noch übliche Anzahl von Prozeßstufen. Das Kondensationsprodukt aus zwei Molekülen Acetaldehyd wird zum 1.3-Butandiol hydriert, das durch katalytische Wasserabspaltung Butadien liefert. Aus Nebenreaktionen lassen sich einige weitere Zwischenprodukte gewinnen. Sie fallen prozentual kaum ins Gewicht, sind aber wegen des Umfanges des Prozesses mittelgroße Produkte. Beispielsweise neigt Acetaldol zur Wasserabspaltung. Der gebildete Crotonaldehyd war lange Zeit Basis für die Gewinnung von C—4-Verbindungen wie Butanol und Butyraldehyd, die man heute durch Hydroformylierung des Propens herstellt. In nicht unbeträchtlicher Menge entstehen auch C—6-Verbindungen, indem Acetaldol mit einem weiteren Molekül Acetaldehyd kondensiert. Man erhält als Nebenprodukt der anschließenden Hydrierung 1.3.5-Hexan-triol.

Weitere Zwischenprodukte auf der Basis von Acetaldehyd sind Pyridinbasen, Pentaerythrit und Essigester. Die lange bekannte Bildung von Pyridinbasen als Endprodukte mehrfacher aldolartiger Kondensationen einfacher Aldehyde mit nachfolgender Aromatisierung wird seit einigen Jahren technisch ausgeführt. 2-Methyl-5-ethyl-pyridin bildet sich in wäßrigem Ammoniak, in dem Acetaldehyd langsam aus seinem Trimeren, dem Paraldehyd freigesetzt wird.

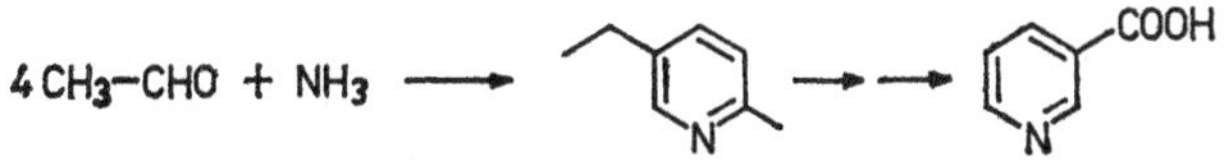

Die besondere Bevorzugung gerade dieser Pyridinbase bei der Kondensation von Acetaldehyd mit Ammoniak dürfte daher kommen, daß dreimalige Aldolkondensation und Ringschluß gerade die richtige Anzahl von Doppelbindungen erzeugen, deren Verschiebung in den Ring zum Aromaten führt.

Aus dem 2-Methyl-5-etyhl-pyridin läßt sich durch Oxydation beider Alkylgruppen zu Carboxylgruppen und partielle Decarboxylierung Nicotinsäure herstellen, die in der Pharmasynthese eingesetzt wird.

Eine gemischte Kondensation des Acetaldehyds mit drei Molekülen Formaldehyd liefert Pentaerythrit; dabei reduziert ein weiteres Mol Formaldehyd den zunächst entstehenden Aldehyd zum Alkohol.

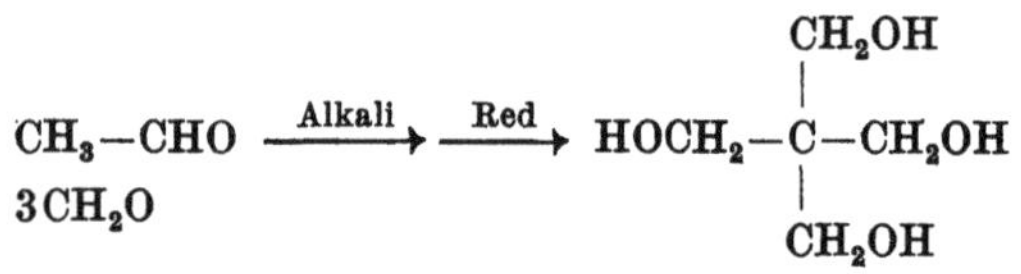

Die Weltproduktion betrug 1971 240000 Tonnen.

Aus Pentaerythrit werden durch Veresterung mit Dicarbonsäuren wie Phthalsäure Alkydharze gewonnen. Hier wie auch in der Sprengstoffindustrie ist Pentaerythrit ein erfolgreicher Konkurrent des Glycerols. Der vierfache Salpetersäureester, Pentaerythrit-tetranitrat, übertrifft in seiner Brisanz das Nitroglycerol.

Ein anderer Kondensationstyp läuft zwischen zwei Molekülen Acetaldehyd in Gegenwart von katalytischen Mengen Aluminiumalkoholat ab; in einer Claisen-Tischtschenko-Reaktion bildet sich Essigester in einer Ausbeute von 90–95%.

$$2\,CH_3{-}CHO \xrightarrow{Al(OEt)_3} CH_3{-}COOC_2H_5$$

Der als Lösungsmittel wichtige Essigester wird in der DDR ausschließlich nach diesem Verfahren hergestellt.

Unter den Acetylenfolgeprodukten ist Acetaldehyd besonders stark unter Konkurrenzdruck anderer Herstellungsverfahren geraten. Sowohl für Butadien als auch für Essigsäure gibt es heute wirtschaftlichere Verfahren auf petrolchemischer Basis. Daher ist die Suche nach anderen Verwertungsmöglichkeiten für Acetaldehyd lohnend. Zu nennen ist beispielsweise die Chlorierung zum Chloral und dessen Verwendung im Pflanzenschutz.

2.5.3. *Acrolein*

Acrolein wurde bis vor wenigen Jahren nur in kleinem Umfang technisch verwertet, da die zur Verfügung stehende Synthese aus Formaldehyd und Acetaldehyd keine Großproduktion erlaubte.

$$CH_2O + CH_3-CHO \xrightarrow{-H_2O} CH_2{=}CH-CHO$$

Acrolein gehört jedoch zu den Verbindungen, die sich durch die sehr rationelle Gasphasenoxydation großtechnisch herstellen lassen. Diese Gasphasenoxydationen am Kontakt verlaufen bei 350—450 °C, also unter sehr scharfen Temperaturbedingungen, unter denen nur solche Moleküle stabil sind, die überwiegend aus aromatischen Ringen, Carbonyl- und Carboxylgruppen sowie Doppelbindungen aufgebaut sind. Es ist daher nur eine begrenzte Anzahl von Umsetzungen möglich: Herstellung von Phthalsäureanhydrid aus Naphthalin, der älteste dieser Prozesse, Phthalsäureanhydrid aus o-Xylen, Maleinsäureanhydrid aus Benzen oder neuerdings aus Butenen, Methacrolein aus Isobuten. Die Möglichkeit, aus Propen in einem billigen Großprozeß Acrolein zu erzeugen, hat erhebliche Aktivitäten ausgelöst, Verwendungen für diesen Aldehyd zu finden, so daß man Acrolein als zukünftiges großes Zwischenprodukt ansehen kann.

Anlagen der Größenordnung 10—20000 Jato werden heute bereits betrieben. Es werden Ausbeuten von 80 bis 90% bei 90—98-prozentigem Umsatz angegeben. Als Katalysatoren dienen Oxidsysteme, unter denen Eisen, Bismuth, Wolfram und Molybdän vorherrschen. Als Nebenprodukte treten Acrylsäure und Acetaldehyd auf.

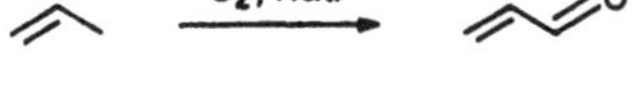

Auch beim Ausbau der Acroleinchemie erkennt man das Bestreben, einen Großverbraucher zu finden, der eine wirtschaftliche Größenordnung der Herstellung des Zwischenproduktes garantiert, zugleich aber weitere Verwendungen des dann billig zur Verfügung stehenden Produktes zu suchen. Als großes Einsatzgebiet des Acroleins bietet sich die Herstellung der Aminosäure Methionin an. Dazu wird Methylmerkaptan an Acrolein angelagert; es folgt eine Aminosäuresynthese nach einer Variante der STRECKER-Synthese mit Cyanid.

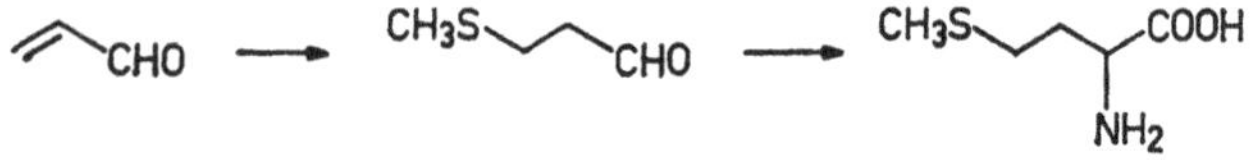

Für Methionin besteht großer Bedarf zur Aufwertung von Eiweiß, da verschiedene Proteine zu wenig Methionin enthalten.

Acrolein ist nichtisolierte Zwischenstufe eines Prozesses zur Gewinnung von Acrylsäure aus Propen. Nach diesem Verfahren, das mit mehreren anderen konkurriert, werden zur Zeit etwa 150000 Jato Acrylsäure hergestellt.

Die Hydrierung des Acroleins führt je nach den angewendeten Katalysatoren zu verschiedenen Produkten. Durchhydrieren an RANEY-Nickel liefert n-Propanol, partielle Hydrierung an Palladium Propionaldehyd, selektive Hydrierung der Aldehydgruppe an Cadmium-Silber-Katalysatoren Allylalkohol. Vom Allylalkohol führt ein industriell gangbarer Weg zum Glycerol.

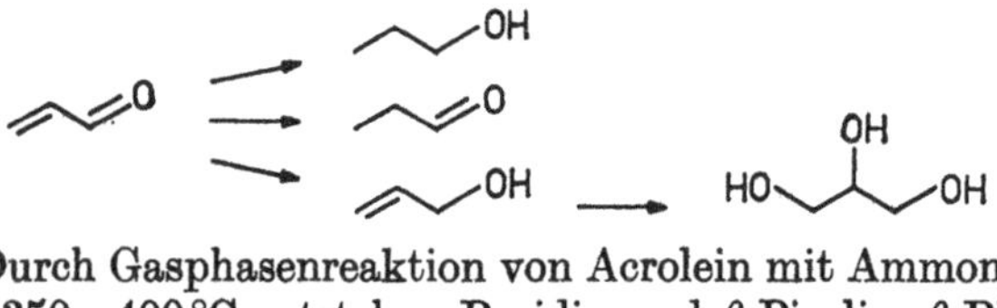

Durch Gasphasenreaktion von Acrolein mit Ammoniak bei 350—400 °C entstehen Pyridin und β-Picolin. β-Picolin wird durch Oxydation in Nicotinsäure umgewandelt, die in der Pharmasynthese Bedeutung besitzt.

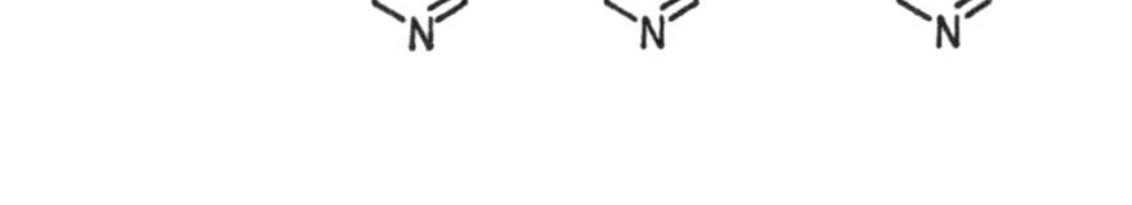

Ein weiteres Produkt aus Acrolein ist Glutardialdehyd, der über eine Diensynthese mit Vinylethylether und Hydrolyse des Adduktes zugänglich ist.

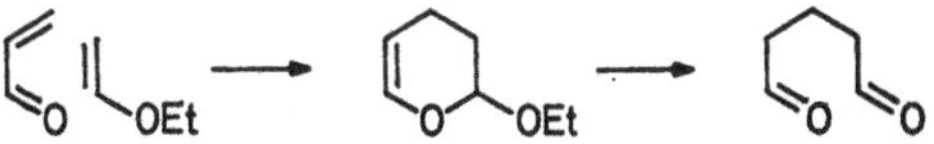

1.3-Propandiol, das durch Wasseranlagerung und Hydrierung entsteht, eine mit Harnstoff erhältliche heterocyclische Verbindung, die als Depot-Stickstoffdünger einsetzbar ist, sowie der durch Diensynthese entstehende Tetrahydrobenzaldehyd, der sich beispielsweise in ein Monomeres für spezielle Epoxidharze umwandeln läßt, deuten weitere Einsatzmöglichkeiten für Acrolein an.

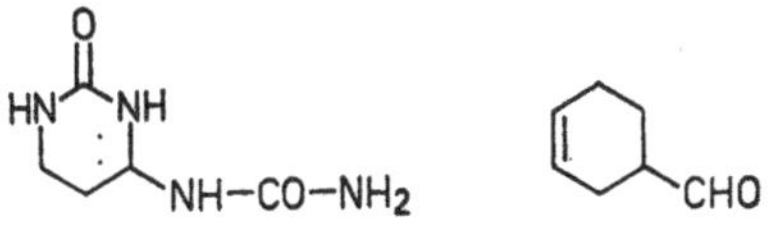

2.5.4. Furfural

Zu den Aldehyden, die als Zwischenprodukte interessant sind, gehört auch der heterocyclische Aldehyd Furfural. Furfural darf zu den perspektivischen Zwischenprodukten gerechnet werden, da es nicht auf Rohstoffen basiert, deren Verknappung heute diskutiert wird. Furfural wird aus landwirtschaftlichen oder forstwirtschaftlichen Abfällen erzeugt; seine Gewinnung zehrt also nicht von den Vorräten an fossilem Kohlenstoff. Die Weltproduktion liegt in der Größenordnung von 220000 Jato und hat jährliche Zuwachsraten um 10%.

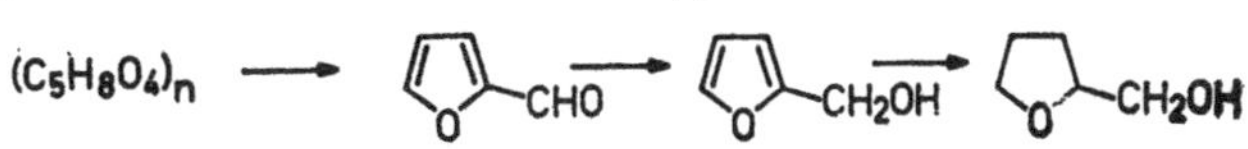

Die Herstellung des Furfurals erfolgt durch saure Hydrolyse der genannten Abfallstoffe; das Furfural bildet sich dabei aus den Pentosanen, also polymeren C—5-Zuckern.

Durch den polyfunktionellen Charakter bieten sich für Furfural und seine Hydrierungsprodukte viele Möglichkeiten für Synthesen. Während noch etwa die Hälfte des Furfurals als Selektivlösungsmittel verwendet wird, geht etwa ein Drittel in Spezialharze. Zu deren Gewinnung wird beispielsweise Furfurylalkohol polykondensiert. Spezielle Syntheseprodukte sind mehrere bactericid und fungicid wirkende Substanzen auf Basis von 5-Nitrofurfural, beispielsweise Nifucin, das Semicarbazon des 5-Nitro-furfurals. Aus Furfural wird in den USA Pyridin gewonnen. Durch Chlorierung läßt sich aus Furfural Mucochlorsäure gewinnen, ein Zwischenprodukt für Herbicide.

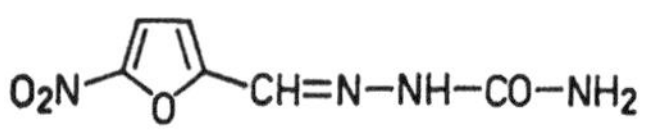

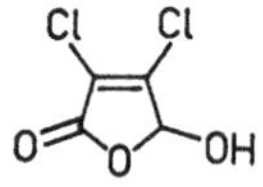

Aus Tetrahydrofurfurylalkohol stellt man durch Veresterung Weichmacher her.

Furfural hat die Chance, Vorstufe für einige Produkte zu werden, die bisher aus Acetylen über Butindiol hergestellt wurden, etwa auf Tetrahydrofuran basierende Produkte. Die Zukunft muß zeigen, ob beispielsweise Herstellungsverfahren für Diamin und Dicarbonsäure der Nylon®-produktion auf Basis Tetrahydrofuran betrieben werden können. Entsprechende Reaktionen sind lange bekannt, beispielsweise die Umsetzung von Tetrahydrofuran mit Blausäure, haben sich aber in Konkurrenz zu Großproduktionen aus billigem Erdöl nicht durchsetzen können.

2.5.5. *Aceton*

Aceton wird in der Größenordnung von 2 Mill. Jato erzeugt. Neben der Verwendung als Lösungsmittel spielt es eine erhebliche Rolle als Zwischenprodukt, wobei beispielsweise die Anlagerung von Blausäure zu Methacrylderivaten führt, die Selbstkondensation über Diacetonalkohol zu mehreren C—6-Produkten.

Ältere industrielle Darstellungsweisen aus Essigsäure oder Acetylen sind heute überholt. Es konkurrieren heute drei Verfahren, die immer vom Propen ausgehen.

Der durch Palladium katalysierten Oxydation des Ethylens zu Acetaldehyd entspricht die Gewinnung von Aceton aus Propen. Auch hier ist zweiwertiges Palladium das Oxydationsmittel; durch zweiwertiges Kupfer vermittelte Rückoxydation des Palladiums gestattet auch hier eine kontinuierliche Prozeßführung. Man erhält Aceton in 90-prozentiger Ausbeute; Propionaldehyd tritt nur in untergeordneter Menge auf.

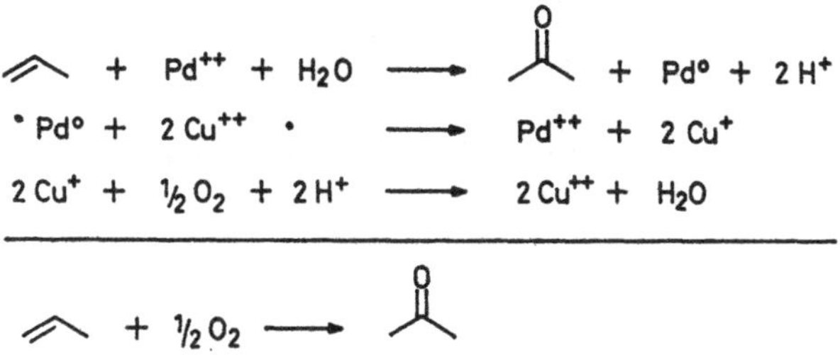

Das durch Wasseranlagerung an Propen zugängliche Isopropanol ist Vorprodukt eines zweiten Verfahrens. Durch katalytische Dehydrierung an kupferhaltigen Kontakten bei 325 °C erhält man in 90-proz. Ausbeute Aceton.

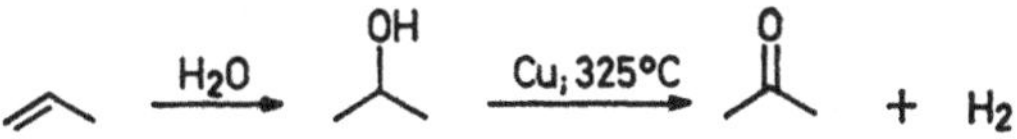

Ein Vorteil des Verfahrens ist der Anfall sehr reinen Wasserstoffs, außerdem die Möglichkeit, durch geeignete Fahrweise die wertvollen Hydrierungsprodukte eines Ace-

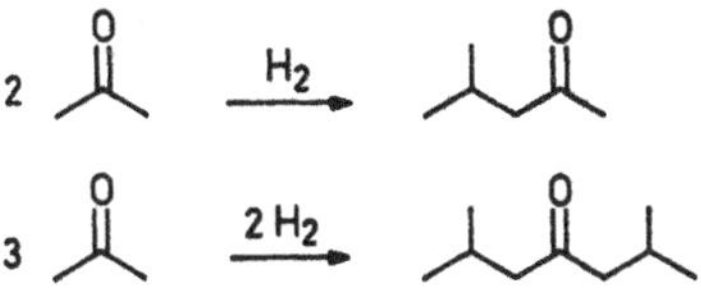

tondimeren bzw. Acetontrimeren — Methylisobutylketon und Diisobutylketon — zu gewinnen.

Ein erheblicher Anteil des Acetons wird heute als stöchiometrisches Koppelprodukt der HOCKschen Phenolsynthese gewonnen, die auch in der DDR ausgeübt wird. Dieser an anderer Stelle behandelte Prozeß hat das Bruttoergebnis

$$\text{Benzen} + \text{Propen} + O_2 \rightarrow \text{Phenol} + \text{Aceton}$$

Als Produkt einer chemischen Umwandlung des Acetons stehen Aceton-cyanhydrin und Methylisobutylketon mengenmäßig an erster Stelle. Ersteres entsteht aus Aceton durch alkalikatalysierte Anlagerung von Blausäure und ist durch die leicht erfolgende Wasserabspaltung zum Methacrylnitril wichtigstes Zwischenprodukt für die Herstellung von Methacrylsäureestern. Die Weltproduktion beträgt mehrere 100000 Jato.

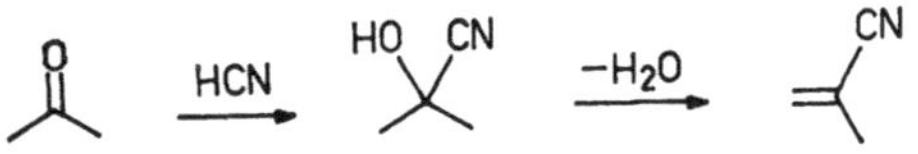

Die Verfügbarkeit von Aceton-cyanhydrin aus einer Großproduktion führte zur Entwicklung weiterer Produkte. Einerseits verwertet man die fungicide und insecticide Wirkung einiger Ester, andererseits führt die Umsetzung mit Hydrazin mit anschließender Dehydrierung zum Azo-bisisobutyronitril, einem Radikalerzeuger für Polymerisationen.

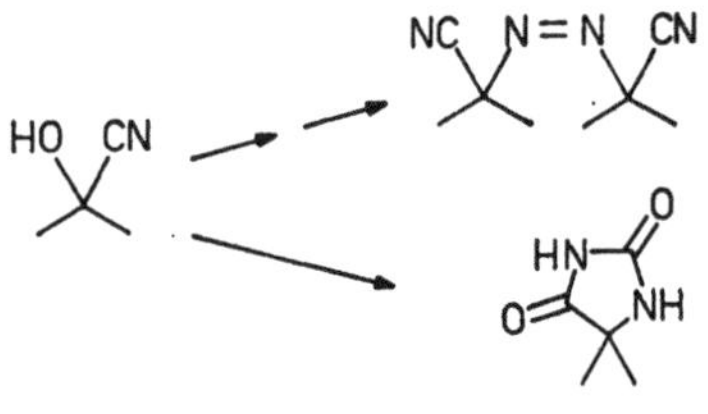

Durch Kondensation des Cyanhydrins mit Ammoncarbonat entsteht 5.5-Dimethyl-hydantoin. Dessen Kondensation mit Formaldehyd liefert Harze, die beispielsweise für Haarsprays eingesetzt werden.

Alkalikatalysierte Selbstkondensation des Acetons führt zu Diacetonalkohol, Wasserabspaltung zum Mesityloxid.

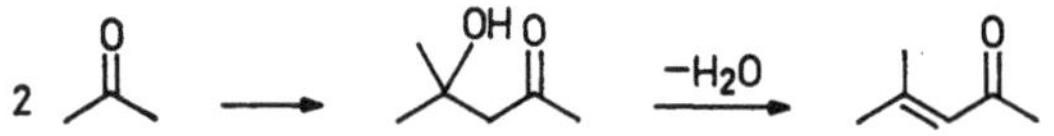

Diacetonalkohol ist selbst ein gutes Lösungsmittel; das gleiche gilt für das in großem Maßstab durch Wasserabspaltung und Hydrierung erzeugte Methylisobutylketon. Von kleineren Folgeprodukten ist das aus Diacetonalkohol und Wasserstoffperoxid erhältliche Mesityloxid-peroxid erwähnenswert, ferner das aus Mesityloxid mit Malonester hergestellte Aldehydreagenz Dimedon.

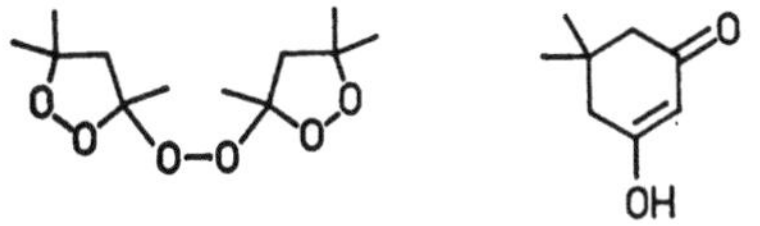

Auch eine Kondensation von drei Molekülen Aceton wird technisch ausgeführt. Man erkennt in der Struktur des Isophorons, eines Lösungsmittels für Harze, Klebstoffe und Celluloseester, ein cyclisches Kondensationsprodukt des Acetons.

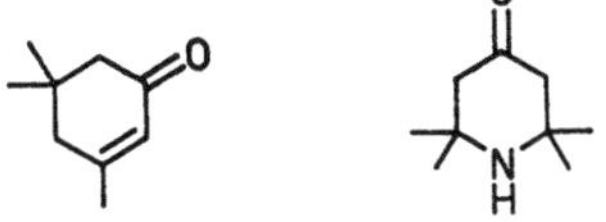

In Gegenwart von Ammoniak kondensieren drei Moleküle Aceton zum Triacetonamin, das Zwischenprodukt für biologisch aktive Verbindungen ist.

Ein großes auf Aceton basierendes Zwischenprodukt ist das bereits erwähnte Bisphenol A, ein Kondensationsprodukt mit zwei Molekülen Phenol. Es dient als phenolisches Antioxidans, vor allem aber als Diolkomponente in Epoxidharzen und Polycarbonaten.

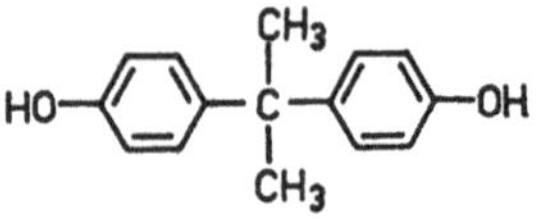

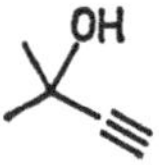

Die Kondensation von Acetylen mit Aceton führt zunächst zu einem 1:1-Addukt, an das ein weiteres Molekül Aceton angelagert werden kann. Das 1:1-Addukt besitzt historisches Interesse als Zwischenprodukt einer Synthese des Isoprens, für das aber heute ergiebigere Darstellungsverfahren existieren.

Aceton geht über Methylvinylketon, das mit Isobuten zum Methylheptenon umgesetzt werden kann, in die technische Vitamin-A-Synthese ein.

2.6. *Carbonsäuren und einige ihrer Derivate*

2.6.1. *Ameisensäure*

Im Weltmaßstab werden jährlich etwa 100000 Tonnen Ameisensäure produziert. Mehr als die Hälfte fällt als Nebenprodukt bei der Essigsäureherstellung durch Alkanoxydation an, etwa ein Drittel wird aus Kohlenoxid synthetisiert, meistens auf dem Umweg über Methylformiat und Formamid.

$$CH_3OH + CO \rightarrow HCOOCH_3 \rightarrow HCONH_2 \rightarrow HCOOH$$

Die Umsetzung von Methanol mit Kohlenoxid erfolgt unter Druck in Gegenwart von katalytischen Mengen Natriummethylat. Methylformiat wird mit flüssigem Ammoniak bei 80—100 °C in Formamid überführt. Dessen Verseifung zu Ameisensäure wird mit Schwefelsäure vorgenommen.

Für Formamid gibt es eine Direktsynthese aus Kohlenoxid und Ammoniak, die beispielsweise in Leuna ausgeführt wird. Auch hier wird in Anwesenheit von Methanol gearbeitet, so daß intermediär die Bildung von Methylformiat anzunehmen ist.

Hauptanwendungsgebiete der Ameisensäure sind nicht die Synthesen, sondern die sauren Eigenschaften, die man beispielsweise bei Farbbädern oder zum Koagulieren von Latices ausnutzt, sowie die desinfizierenden Eigenschaften, die vor allem zum Konservieren von Silage in der Viehhaltung dienen. Bei Synthesen wird Ameisensäure als Formylierungs- und Reduktionsmittel, in einigen Fällen auch als stark ionisierendes Lösungsmittel verwendet.

Unter den Estern der Ameisensäure findet Methylformiat für die Bekämpfung von Kornkäfern Anwendung, Ester von Alkoholen mittlerer Kettenlänge dienen als Lösungsmittel, höhere aliphatische Ester als Riechstoffe.

Formamid wird nicht nur auf Ameisensäure, sondern auch in erheblichem Umfang auf Blausäure verarbeitet. Die Wasserabspaltung erfolgt katalytisch bei ca. 400 °C.

$$HCONH_2 \xrightarrow{-H_2O} HCN$$

Wegen seines hohen Siedepunktes findet Formamid an vielen Stellen Einsatz als Speziallösungsmittel, beispielsweise in Tinten. In der Synthesechemie dient es als Ringglied für Heterocyclen wie Imidazole, Oxazole, Pyrimidine und 1.3.5-Triazine, beispielsweise für die Schließung des Imidazolringes des synthetischen Coffeins.

Unter den alkylierten Amiden der Ameisensäure ist das Dimethylformamid von Bedeutung. Es wird ebenfalls durch Einwirkung von Kohlenoxid unter Druck auf das Amin, in diesem Falle Dimethylamin, hergestellt. Es findet Anwendung als selektives Extraktionsmittel, beispielsweise für die Abtrennung von Butadien aus Pyrolyse-C_4-Fraktionen und die Benzengewinnung durch Extraktivdestillation. Bei der Verarbeitung hochmolekularer Verbindungen wirkt es oft noch lösend, wenn andere Lösungsmittel versagen, beispielsweise, um verspinnbare Lösungen von Polyacrylnitril zu erhalten, sowie bei synthetischem Leder. In der Synthese dient es zusammen mit Phosphoroxychlorid als sogenanntes VILSMEIER-Reagenz zur Einführung von Aldehydgruppen in Aromaten und Heterocyclen, in Form seiner Acetale als wasserabspaltendes Mittel bei Veresterungen und Acetalisierungen.

2.6.2. Essigsäure und Acetanhydrid

Die Welterzeugung von Essigsäure liegt in der Größenordnung von 3 Mill. Jato. Für 1973 sind die folgenden Produktionszahlen in kt angegeben: USA 1102, Japan 560, UdSSR 280, BRD 280, Großbritannien 220, DDR 121, Italien 116. Für die Herstellung werden drei Verfahren betrieben: Die Oxydation von Acetaldehyd, die Oxydation von Butan und die Carbonylierung von Methanol.

Die Oxydation von Acetaldehyd mit Sauerstoff verläuft bereits bei 60 °C mit ausreichender Geschwindigkeit. Zugesetzte Mangan- oder Kobaltsalze verhindern die Anreicherung von Peroxiden und erzeugen durch deren Zersetzung die zum Kettenstart benötigten Radikale. Zwischenstufen sind Peressigsäure sowie deren Additionsprodukt an Acetaldehyd A.

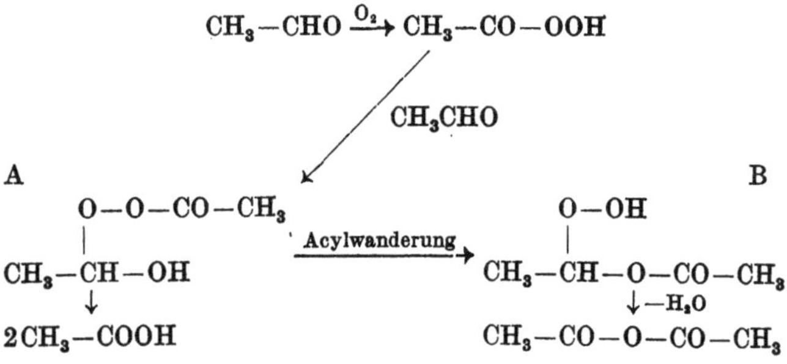

Da bei Variierung der Bedingungen neben Essigsäure erhebliche Mengen Acetanhydrid entstehen, erleidet das Addukt A möglicherweise Acetylwanderung vom Peroxidsauerstoff zum Hydroxylsauerstoff. Das angenommene Isomerisierungsprodukt B läßt die Bildung von Acetanhydrid unter Wasserabspaltung plausibel erscheinen. Bei geeigneter Fahrweise kann man fast 70% Acetanhydrid erhalten; die Ausbeute an Essigsäure + Acetanhydrid beträgt 94%.

Durch die Petrolchemie ist Butan in großen Mengen verfügbar, so daß dessen Oxidation zu Essigsäure ausgearbeitet wurde. Dabei benutzt man die oberhalb 100 °C ablaufende Radikalkettenreaktion der Methylengruppen. Über die beiden radikalischen Schritte

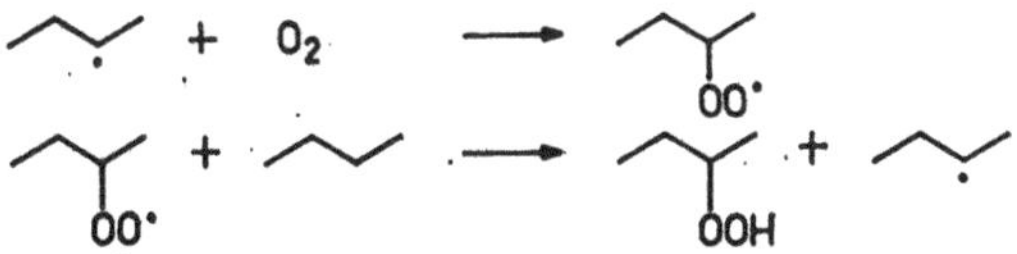

geht Butan zunächst in Butyl-2-hydroperoxid über. Für die Weiterreaktion ist Wasserabspaltung zum Butanon und dessen Hydroperoxidierung zum Ketonhydroperoxid anzunehmen. Für Ketonhydroperoxide ist die C—C-Spaltung zu Aldehyd und Carbonsäure nachgewiesen, die im vorliegenden Fall neben Essigsäure Acetaldehyd ergibt, der unter den Reaktionsbedingungen ebenfalls Essigsäure bildet.

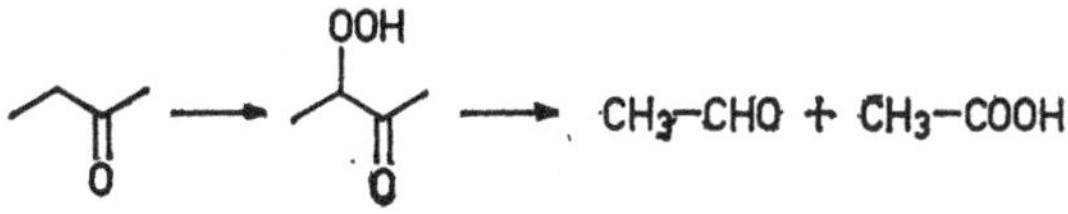

Parallel zur Hauptreaktion entstehen Ameisensäure, Propionsäure und Buttersäure, ferner Alkohole und Ester, so daß sich Trennoperationen anschließen müssen. Der Prozeß ist wegen Korrosion durch die gebildete Ameisensäure problematisch.

Seit 1970 wird Essigsäure nach dem sogenannten MONSANTO-Verfahren produziert. Die schon länger bekannte. Carbonylierungsreaktion des Methanols

$$CH_3OH + CO \xrightarrow{\text{Kat.}} CH_3{-}COOH$$

ließ sich durch Verwendung von Rhodiumkatalysatoren so beschleunigen, daß sie bereits bei 175 °C und 50 Atmosphären Druck durchgeführt werden kann.

Acetanhydrid läßt sich außer durch die erwähnte Oxydation von Acetaldehyd auch über Keten herstellen. Man benutzt dafür die Spaltung der Essigsäure, die bei ca. 700 °C abläuft. Das gebildete Keten addiert Essigsäure zum Acetanhydrid

$$CH_3{-}COOH \xrightarrow{700°C} H_2C{=}CO$$

$$\xrightarrow{CH_3{-}COOH} CH_3{-}CO{-}O{-}CO{-}CH_3$$

Die Hauptmenge der Essigsäure wird nach einer Angabe aus dem Jahre 1974 für Vinylacetat (40%) und über Acetanhydrid für Celluloseacetat (23%) verwendet. Auch als Lösungsmittel wird Essigsäure selbst und in Form ihrer Ester in erheblichem Umfang eingesetzt. Allein für die p-Xylenoxydation, eine Stufe der Terephthalsäureherstellung, wurden 10% der erzeugten Essigsäure verbraucht, etwa die gleiche Menge als Butylacetat und Isopropylacetat.

Auch mit den verbleibenden Mengen ist Essigsäure noch ein großes Zwischenprodukt für Synthesen auf vielen Anwendungsgebieten. Ihre Ester mit Fettalkoholen werden als Weichmacher verwendet. Die durch Chlorierung erhaltene Chloressigsäure ist ihrerseits ein universelles Zwischenprodukt. In zunehmendem Maße verwendete Reagentien aus Essigsäure sind die Peressigsäure, die als starkes Oxydationsmittel und auch als Desinfektionsmittel eingesetzt wird und Diacetylperoxid, das zur Auslösung von Radikalreaktionen unter milden

Bedingungen dient. Essigsäure ist Baustein des in zahlreichen Synthesen eingehenden Acetessigesters, der nicht nur auf dem klassischen Weg aus Essigester, sondern hauptsächlich aus Diketen und Alkohol hergestellt wird.

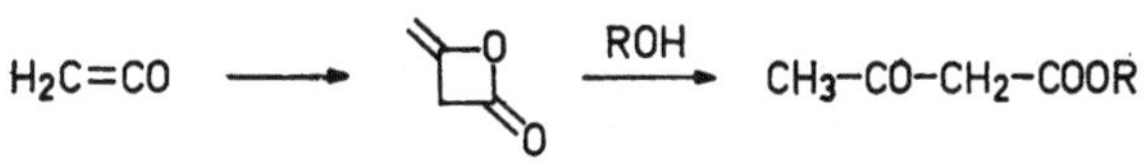

Essigsäure ist Komponente der Zimtsäure, die durch PERKIN'sche Reaktion aus Benzaldehyd und Acetanhydrid synthetisiert wird, des Birnenaromas Amylacetat, des Acetylacetons, dessen Anwendung von der Heterocyclensynthese bis zu speziellen Peroxiden reicht, der acetylierten Zucker, über die jede synthetische Verknüpfung mit Zuckerresten geht, FRIEDEL-CRAFTS-Komponente und als N-Acetylgruppe Bestandteil vieler pharmazeitischer Produkte, beginnend bei den ältesten synthetischen Vertretern wie Acetylsalicylsäure und Acetanilid, dem gegen die Schlafkrankheit eingesetzten Orsanine oder in Sulfonamiden wie Mebacid®.

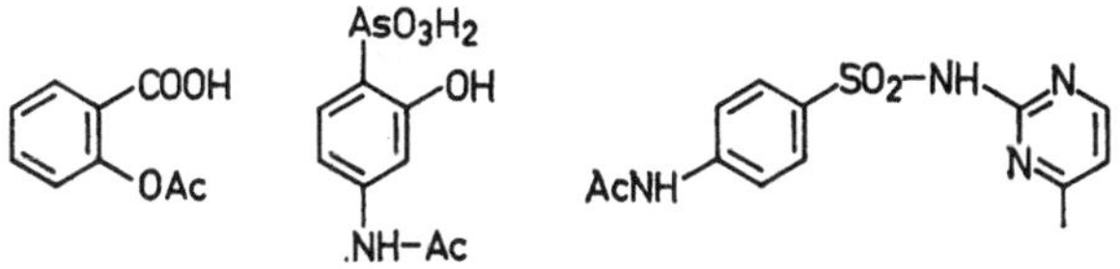

2.6.3. Chlorierte Essigsäuren

Chloressigsäure wurde bereits vor Jahrzehnten durch die Indigosynthese zu einem großen Zwischenprodukt. Die Weltproduktion beträgt heute 180000 Jato und ist weiter im Ansteigen. Man stellt sie entweder durch Chlorieren von Essigsäure bei ca. 100 °C her, oder nach einem neueren Verfahren durch Hydrolyse von Trichlorethylen mit 75-proz. Schwefelsäure.

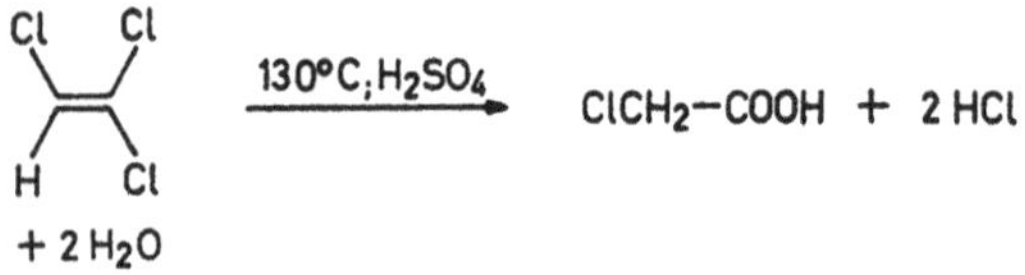

Die Hauptmenge der Chloressigsäure wird heute zur Herstellung von wasserlöslichen Ethern der Cellulose verwendet. Diese Carboxymethylcellulosen werden beispielsweise in Waschpulvern, Tapetenklebern und als Füllmasse in Kabeln eingesetzt.

Große Produkte sind die Umsetzungsprodukte mit Chlorphenolen wie 2.4-Dichlorphenoxy-essigsäure und die 2.4.5-Trichlorverbindung. Sie wirken in kleinen Konzentrationen als Wachstumsregulatoren, in höheren Konzentrationen als Herbicide. In diese Einsatzgebiete gehen auch entsprechende Umsetzungsprodukte der 2-Chlorpropionsäure.

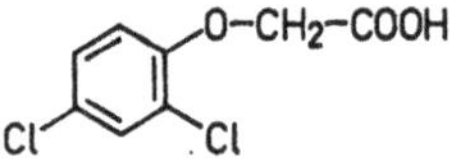

$HS{-}CH_2{-}COOH$ $H_2N{-}CH_2{-}COOH$

Eine weitere wichtige Substitutionsreaktion des Chlors ist die Umsetzung mit Natriumhydrogensulfid zu Thioglycolsäure, die in der Haarkosmetik die aktive Komponente der Kaltwelle ist. Substitution mit Ammoniak führt zum Glycin.

Auch die nächste Generation von Umwandlungsprodukten der Chloressigsäure umfaßt einige wichtige Zwischenprodukte. Cyanessigester und der daraus erhältliche Malonester spielen in der industriellen Synthese eine Rolle, die durch die 3-Acetylamino-pyrazolone des Farbfilms und die Barbiturate im Pharmasektor belegt sei.

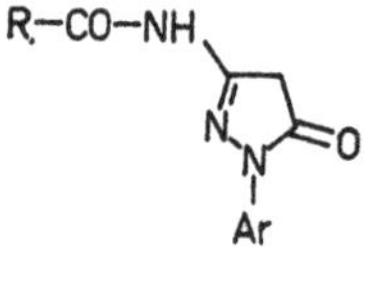

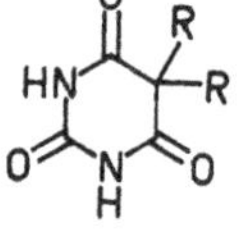

Dichloressigsäure stellt man nach einem originellen Verfahren her: Einwirkung von Sauerstoff auf Trichlorethylen in Gegenwart von Chlor und UV-Bestrahlung führt zum Dichloracetylchlorid.

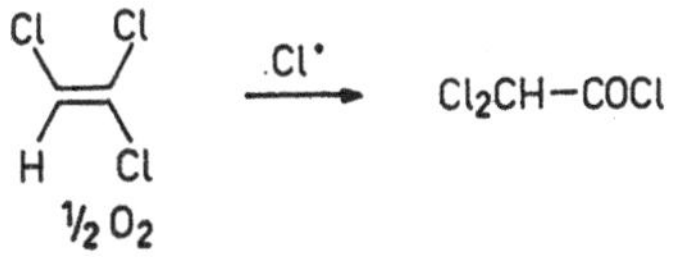

Die technische Herstellung wird hauptsächlich für die Synthese des Antibiotikums Chloromycetin, eines Dichloracetylderivates eines aromatischen Aminoalkohols, betrieben.

Trichloressigsäure, die man in erheblichen Mengen durch erschöpfende Chlorierung von Essigsäure oder Nebenprodukten der Chloressigsäuregewinnung herstellt, wird überwiegend auf das Natriumsalz verarbeitet, das als Herbicid eingesetzt wird.

2.7. *Harnstoff*

Harnstoff hat sich in den letzten Jahren zu einem der größten Produkte der chemischen Industrie entwickelt. Die Weltproduktion betrug 1975 etwa 30 Mill. Jato. Die überwiegende Menge wird als Stickstoffdünger verwendet. Aber auch die wenigen Prozente des Harnstoffaufkommens, die chemisch weiterverarbeitet werden, machen Harnstoff zu einem industriellen Ausgangsmaterial von nicht unbeträchtlicher Größe.

Obwohl es eine Vielzahl von interessanten Alkyl- und Arylharnstoffen gibt, vor allem unter den Pflanzenschutzmitteln, ist Harnstoff nur in Ausnahmefällen das Ausgangsmaterial. Man stellt diese Verbindungen auf anderem Wege her, beispielsweise aus Isocyanaten. Eine der Ausnahmen ist N.N'-Dimethylharnstoff, erhältlich aus Harnstoff und Methylamin, der einerseits Baustein für die technische Coffeinsynthese ist, andererseits durch Erhitzen mit Diphenylcarbonat Methylisocyanat liefert, das zur Herstellung von Methylurethanen dient.

$$H_2N-CO-NH_2 \xrightarrow{CH_3-NH_2} CH_3-NH-CO-NH-CH_3$$

$$\xrightarrow{(PhO)_2CO} CH_3-NCO$$

Die meisten chemischen Umwandlungen des Harnstoffs beinhalten Kondensationen mit Carbonylverbindungen, in der Regel mit Formaldehyd, aber auch mit Acetaldehyd, Chloral oder Isobutyraldehyd. Kondensationsprodukte mit Isobutyraldehyd dienen beispielsweise als Spezialdünger mit Depotwirkung.

N.N'-Dimethylolharnstoff, das Kondensationsprodukt von Harnstoff mit zwei Molekülen Formaldehyd, geht in Textilhilfsmittel, um durch Vernetzungsreaktionen Textilien knitterfrei zu machen.

$$H_2N-CO-NH_2 \rightarrow HOCH_2-NH-CO-NH-CH_2OH$$
$$+ 2CH_2O$$

Methylolverbindungen, in einigen Fällen auch deren Methylether, werden bei der Herstellung der sogenannten Aminoplaste durchlaufen. Allgemeines Aufbauprinzip ist die Vernüpfung von N-Atomen durch Formaldehyd. Als Stickstoffkomponente dienen neben dem Harnstoff selbst auch Verbindungen, die ihrerseits aus Harnstoff hergestellt werden, beispielsweise Melamin.

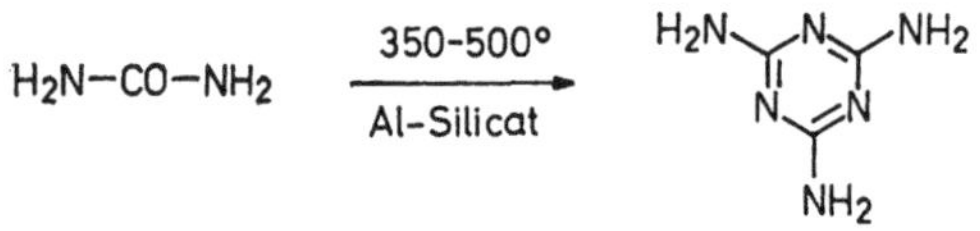

Das größte Einsatzgebiet von Aminoplasten aus Harnstoff ist das der Leime; sogenannte Methylenharnstoffe dienen als Weißpigmente für Papier und als Füllstoffe für Leder.

2.8. *Aliphatische Amine*

Einfache aliphatische Amine sind typische Zwischenprodukte. Sie verlassen die chemische Industrie nur nach weiterer chemischer Umwandlung. Erzeugung und Weiterverarbeitung erreichen bei den Methylaminen die Größenordnung von mehreren 100000 Jato. Von Bedeutung sind weiterhin die Ethylamine, Isopropylamin und n-Butylamin. Amine mit fünf bis neun C-Atomen je Alkylkette werden in letzter Zeit zunehmend als Zwischenprodukte angeboten. Die auf dem Tensidsektor interessanten Amine mit Paraffinketten ab C-12 sind an anderer Stelle erwähnt.

Bei den meisten Herstellungsverfahren werden Gemische von primären, sekundären und tertiären Aminen erhalten. Man hat daher Versuche unternommen, auch für die zunächst nicht gewünschten Amine Verwertungen zu finden, oder man hat die Prozesse auf ein gewünschtes Produkt optimiert, was meistens nur durch Rückführung der weniger gewünschten Produkte in die Synthese möglich war.

Für die Herstellung einfacher aliphatischer Amine benutzt man einerseits die Alkylierung von Ammoniak oder Aminen, andererseits die Hydrierung von geeigneten Vorstufen wie Nitrilen oder Mischungen von Carbonylverbindungen mit Aminen. Als Alkylierungsmittel kommen nur die Alkohole in Frage, die man entweder an sauren Katalysatoren oder an Hydrierkatalysatoren mit Ammoniak umsetzt. Saure Katalysatoren wirken erst bei sehr hohen Temperaturen — 300 bis 450 °C — so daß sie insbesondere für Methanol eingesetzt werden, bei dem die hohen Temperaturen keine Eliminierung bewirken können. Aus den Mischungen von Mono-, Di- und Trimethylamin isoliert man das Dimethylamin, für das der größte Bedarf besteht, und führt einen Teil des Mono- und des Trimethylamins in den Prozeß zurück.

Zur Herstellung von Ethylaminen aus Ethanol arbeitet man an typischen Hydrierkatalysatoren aus Kobalt,

Nickel oder Chrom, an denen Ethanol mit Ammoniak bereits bei 150–250 °C unter Aminbildung reagiert. Man darf annehmen, daß der Katalysator durch Dehydrierung auf die Oxydationsstufe des Acetaldehyds und Hydrierung einer stickstoffhaltigen Zwischenstufe zum Amin wirkt.

Für die Gewinnung von Ethylaminen in Leuna hat Ethanol als Ausgangspunkt das früher verwendete Acetonitril abgelöst Acetonitril stand zeitweise als Nebenprodukt der Acrylnitrilherstellung durch Ammoxydation von Propen zur Verfügung.

Methylamin wird beispielsweise zur Herstellung von N-Methylpyrrolidon gebraucht, das für Extraktivdestillationen in der Petrolchemie eingesetzt wird. Weitere wichtige Einsatzgebiete sind Pflanzenschutzmittel, wo beispielsweise die N-Methyl-carbamat-gruppierung Bestandteil vieler Insecticide ist. Viele Pharmazeutika, beispielsweise Coffein oder Ephedrin, enthalten als Baustein Methylamin.

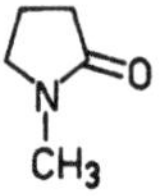

α-Naphthyl–O–CO–NH–CH_3 Ph–CHOH–CH($NHCH_3$)–CH_3

Auch auf dem Tensidsektor spielen Mono-, Di- und Trimethylamine in den sogenannten Kationics eine wichtige Rolle. Dabei handelt es sich um langkettige quaternäre Ammoniumverbindungen.

Vom Dimethylamin leiten sich einige große Produkte ab, die als Lösungsmittel eingesetzt werden, vor allem das bereits behandelte Dimethylformamid, aber auch Dimethylacetamid und Hexamethyl-phosphorsäuretriamid. Sowohl auf dem Fungicidsektor als auch als Vulkanisationsbeschleuniger dient Thiuram, das aus Dimethylamin und Schwefelkohlenstoff durch einen Oxydationsprozeß hergestellt wird.

$$\begin{matrix}(CH_3)_2NH \\ CS_2\end{matrix} \rightarrow (CH_3)_2N-CS-S-S-CS-N(CH_3)_2$$

Aus Trimethylamin wird beispielsweise der Halmstabilisator Chlor-cholinchlorid hergestellt.

Von den zahlreichen von Ethylaminen abgeleiteten Produkten sind nachstehend das Totalherbicid Simacin® und das Lokalanaesthetikum Novocain® formuliert. Sie stehen repräsentativ für zahlreiche biologisch aktive Verbindungen.

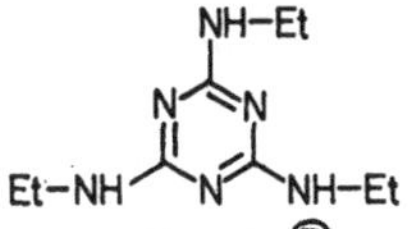

Simacin®

p–H_2N–C_6H_4–COO–CH_2–CH_2–$N(C_2H_5)_2$

Novocain®

Die Alkylierung von Ammoniak oder Aminen mit Alkylhalogeniden spielt zwar bei der Herstellung von Tensiden noch eine Rolle, bei niedrigen aliphatischen Aminen jedoch praktisch nicht mehr. Relativ lange hat sich die Herstellung von Morpholin aus β.β'-Dichlor-diethylether und Ammoniak gehalten, da das Vorprodukt aus dem Chlorhydrinverfahren der Ethylenoxidherstellung zur Verfügung stand.

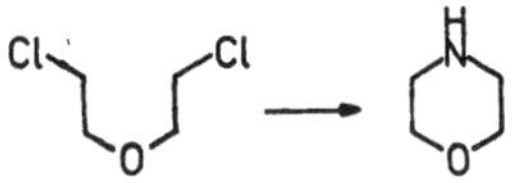

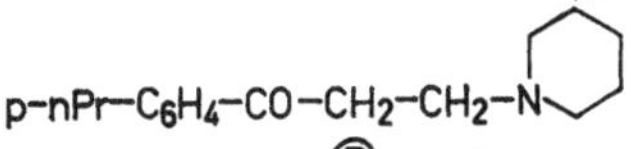

Falicain®

Als Synthesebaustein spielt Morpholin vor allem in der Arzneimittelsynthese eine Rolle, da es sich leicht durch die MANNICH-Reaktion an acide Kohlenstoffatome anfügen läßt. Das gleiche gilt für Piperidin, das man durch katalytische Hydrierung von Pyridin gewinnt. Ein Produkt der MANNICH-Reaktion des Piperidins ist beispielsweise das Lokalanaesthetikum Falicain®.

Substitution von Chlor durch Ammoniak spielt jedoch eine Rolle bei der Herstellung von Ethylenimin. Während ein älterer Prozeß vom Ethanolamin ausging, das über seinen Schwefelsäureester cyclisiert wurde, geht der Prozeß der Dow Chemical Company von 1.2-Dichlorethan aus. Es wird mit Ammoniak bei 100 °C in Gegenwart von Calciumoxid zu Ethylenimin umgesetzt.

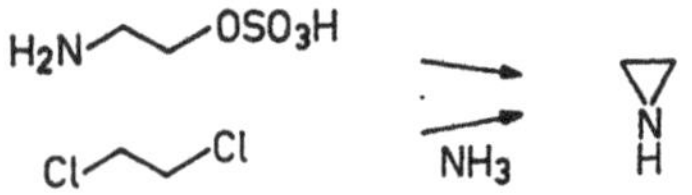

Ethylenimin hat einerseits Bedeutung als Monomeres des Polyethylenimins, das als Zusatz bei der Papierherstellung und als Flockungsmittel bei der Abwasserbehandlung eingesetzt wird, andererseits als Synthesebaustein. Es läßt sich ohne Öffnung des Dreiringes in Derivate überführen, von denen einige als Cancerostatica, einige als Sterilantien in der Schädlingsbekämpfung eingesetzt werden. Ebenfalls den intakten Dreiring enthalten einige Reaktivfarbstoffe und Textilhilfsmittel. Diese reagieren mit der Faser unter alkylierender Ringöffnung und führen im einen Falle zur Fixierung des Farbstoffes, im anderen Falle zu wasserabweisendem oder antistatischem Verhalten.

2.9. Längerkettige Paraffine und ihre Abkömmlinge

Bei längerkettigen Paraffinen und ihren Abkömmlingen spielen die Einzelindividuen keine Rolle. Gemische von Homologen sind wichtig als hydrophober Bestandteil beim Aufbau von grenzflächenaktiven Stoffen. Von Bedeutung sind vor allem Verbindungen mit 12—18 Kohlenstoffatomen, in der Mehrzahl der Fälle mit unverzweigter Kette. Die Entwicklung der grenzflächenaktiven Stoffe ging von den seit der Antike gebräuchlichen Seifen — Salzen von Fettsäuren — aus und hat das ihnen zugrundeliegende Prinzip eines hydrophilen Molekülteils und einer hydrophoben paraffinischen Kette vielfältig variiert. Insbesondere wurde die Carboxylgruppe durch die Sulfogruppe ersetzt. Eine rund fünfzigjährige Entwicklung hat zu einem Sortiment von längerkettigen aliphatischen

Zwischenprodukten wie Fettalkoholen, Olefinen, Alkylaromaten und Fettaminen geführt, aus denen durch Derivatisierung die gebräuchlichen Tenside hergestellt werden. Ihre Bedeutung reicht heute weit über das klassische Einsatzgebiet des Waschens hinaus und umfaßt Haushaltchemikalien, Textilhilfsmittel, Kosmetika etc. und reicht bis zu Hilfsmitteln für Technologien wie Filmgießen oder Erzaufbereitung. Das drückt sich auch in der Produktionsgröße aus, die von ca. 10000 Jato industriell erzeugter Tenside 1939 innerhalb von 40 Jahren auf fast 8 Mill. Jato angestiegen war. Die traditionelle Rohstoffbasis der natürlichen Fette wurde zunächst durch natürliche Fettalkohole ergänzt, dann durch Paraffine der FISCHER-TROPSCH-Synthese. Heute überwiegen petrolchemische Grundstoffe, wobei einerseits Paraffine aus Erdöl isoliert werden, andererseits zunehmend längerkettige Olefine und Alkohole aus Ethylen aufgebaut werden.

Paraffine gewinnt man heute aus Erdölfraktionen durch Abtrennung an Molekularsieben. Der in der DDR entwickelte PAREX-Prozeß gestattet die Isolierung von 98- bis 99-prozentigen n-Paraffinen aus Erdöl, das etwa 20% n-Paraffine enthält. Zwischen 300 und 400 °C erfolgt selektive Adsorption der unverzweigten Paraffine in den Poren eines Molekularsiebs, in die die verzweigten Alkane und die Cycloalkane aus räumlichen Gründen nicht eindringen können. Die unverzweigten Anteile werden anschließend durch n-Pentan desorbiert.

Höhermolekulare Paraffine mit 15—30 C-Atomen lassen sich durch Extraktiv-Kristallisation mit Harnstoff abtrennen, der nur die geradkettigen Moleküle in den Kristall einbaut.

2.9.1. n-Olefine

Man kann die unverzweigten Olefine aus Paraffinen nach mehreren Verfahren herstellen. Beispielsweise chloriert man die n-Paraffine bei 120 °C und spaltet anschließend bei ca. 300 °C an Aluminiumsilikat Chlorwasserstoff ab. Um eine Mehrfachchlorierung zu vermeiden, darf nur bis zu einem Umsatz von 40% chloriert werden. Die Chlorierung erfolgt ungefähr statistisch an allen sekundären Positionen. Wie auch bei anderen radikalischen Prozessen werden die Methylgruppen langsamer angegriffen. Die Dehydrochlorierung liefert ein Gemisch der stellungsisomeren Olefine, was für die anschließende Verarbeitung kein Nachteil ist. Die Mehrzahl der üblichen Nachverarbeitungsreaktionen würde ohnehin zu einer Verschiebung der Doppelbindung führen, beispielsweise die FRIEDEL-CRAFTS-Alkylierung von Benzen.

$$R{-}CH_2{-}CH_2{-}R' \xrightarrow[-HCl]{Cl_2} R{-}CHCl{-}CH_2{-}R'$$

$$\xrightarrow{-HCl} R{-}CH{=}CH{-}R'$$

Ein Gemisch stellungsisomerer Olefine entsteht auch bei der katalytischen Dehydrierung der Paraffine. Die Dehydrierung muß bei sehr hohen Temperaturen vorgenommen werden, da sonst das Gleichgewicht zwischen Olefin, Wasserstoff und Paraffin völlig auf der Seite der gesättigten Verbindung liegt. Bekanntlich läßt sich bei niedrigen Temperaturen praktisch jedes Olefin katalytisch hydrieren. Die Arbeitstemperatur beträgt 400 bis 600 °C. Die Dehydrierung kann nur bis zu Umsätzen von 10% getrieben werden, um die Bildung mehrfach ungesättigter Verbindungen zu vermeiden. Besonders schwierig ist die Abtrennung der Olefine vom Paraffin, so daß auch eine Weiterverarbeitung der Olefine ohne vorherige Auftrennung erwogen wurde.

Fast ausschließlich α-Olefine entstehen beim thermischen Cracken von Paraffinen. Bei der Arbeitstemperatur von 500—600 °C erfolgt C—C-Spaltung; es entstehen homologe Olefine, wobei alle nach der Länge der Einsatzprodukte voraussehbaren Keettnlängen auftreten. Um für weitere Verwertungen brauchbare Fraktionen zu erhalten, zerlegt man das Olefingemisch destillativ in Schnitte, die sich um maximal vier C-Atome unterscheiden. Die für die Tensidherstellung nicht einsetzbaren niederen Olefine mit Kettenlängen C—6 bis C—10 werden zu Alkoholen hydroformyliert, die als Veresterungskomponenten für Weichmacher dienen.

Im Gegensatz zu den voranstehenden Verfahren wird in dem sogenannten Alfen-Prozeß Ethylen zu längerkettigen α-Olefinen oligomerisiert. Dem Prozeß liegt eine von K. Ziegler gefundene Reaktion zugrunde, der beobachtet hatte, daß Aluminiumtriethyl Ethylen unter Verlängerung der Alkylketten aufnimmt. Eintretende Ethylenmoleküle schieben sich zwischen Metall und bereits vorhandene Alkylgruppe, so daß die Kette schrittweise um jeweils zwei C-Atome wächst. Nach Erreichen der gewünschten Kettenlängen wird bei höherer Temperatur eine Verdrängung der Alkylketten durch Ethylen unter Rückbildung von Aluminium-triethyl durchgeführt. Die Aufbaureaktion läuft beim technischen Prozeß bei ca. 100 Atmosphären Druck und 100 °C ab, die Verdrängungsreaktion bei 200—300 °C. Die Reaktion liefert Gemische von geradzahligen homologen α-Olefinen.

$$\mathrm{Al\,Et_3 + H_2C{=}CH_2 \xrightarrow{100\,°C;\,100\,at} Et_2Al{-}CH_2{-}CH_2{-}Et}$$

$$\mathrm{\rightarrow\rightarrow (R{-}CH_2{-}CH_2)_3Al \xrightarrow[200-300\,°C;\,50\,at]{3H_2C{=}CH_2} 3\,R{-}CH{=}CH_2 + AlEt_3}$$

Die heute gut zugänglichen unverzweigten Olefine haben die Verwendung der nach einem älteren Verfahren erhaltenen verzweigten Olefine weitgehend zurückgedrängt. Man überführte früher Propen durch eine kationische Oligomerisierung mittels Schwefelsäure oder Phosphorsäure in ein Gemisch von Tri- und Tetrameren, von denen das Tetramere, ein Gemisch von Dodecenen, mit Benzen umgesetzt und dann zu der Waschmittelkomponente Dodecylbenzol-sulfonat sulfoniert wurde.

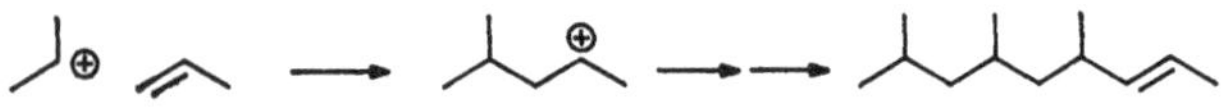

und Stellungsisomere

Ein wesentlicher Mangel der verzweigten Seitenkette lag in der zu geringen biologischen Abbaubarkeit.

2.9.2. *Fettalkohole*

Die industrielle Herstellung von Fettalkoholen ging von den natürlichen Fettsäuren aus. Nach 1960 erfolgte auch hier die weitgehende Umstellung auf petrolchemische Ausgangsstoffe und ein beträchtlicher Produktionsanstieg, so daß 1975 ca. 600000 Tonnen Fettalkohole produziert wurden.

Die industrielle Herstellung begann mit der Reduktion nach BOUVEAULT-BLANC. Bei diesem in den Zwanzigerjahren eingeführten Verfahren ließ man Fettsäureester oder auch Triglyceride mit metallischem Natrium in siedendem Toluen oder Xylen reagieren. Da vier Atome Natrium zur Reduktion benötigt werden, verbrauchte man, berechnet auf den produzierten Fettalkohol, etwa die Hälfte des Gewichtes an Natrium. Man erzielte bis zu 95% Ausbeute und hatte den Vorteil, daß ungesättigte Fettsäuren ungesättigte Fettalkohole ergaben.

$$R{-}COOBu + 2\,BuOH + 4\,Na \rightarrow \rightarrow R{-}CH_2OH$$

Für die heutigen Produktionsgrößen ist das Arbeiten mit solchen Mengen an metallischem Natrium undiskutabel. Man hat daher schon den in Dreißigerjahren die katalytische Hydrierung herangezogen, nachdem gezeigt worden war, daß an sogenannten ADKINS-Katalysatoren aus Kupferoxid und Chromoxid bei Temperaturen oberhalb 200 °C eine Hochdruckhydrierung von Fettsäureestern zu Fettalkoholen möglich ist. Vorzugsweise setzt man die Butylester ein. 1962, also bevor kettenaufbauende Prozesse aufkamen, wurden etwa 200000 Tonnen Fettalkohole durch Hydrierung erzeugt.

$$R{-}COOBu + 2\,H_2 \xrightarrow[200\,°C]{CuO/Cr_2O_3} R{-}CH_2OH + BuOH$$

Sekundäre Alkohole mit statistischer Verteilung der Hydroxylgruppen über die Molekülkette liefert eine Paraffinoxydation in Gegenwart von Borsäure. Nach diesem BASHKIROV-Verfahren wird vor allem in der Sowjetunion gearbeitet. Man läßt bei 140—180 °C bei Gegenwart katalytischer Mengen von Mangansalzen und ca. 5 Gewichtsprozent Borsäure Sauerstoff auf Paraffine einwirken und erhält nach entsprechender Aufarbeitung, die die Verseifung von Borsäureestern einschließt, bei 25% Umsatz ein Substanzgemisch, das etwa 70% Alkohole, 20% Ketone und 10% Carbonsäuren enthält.

$$R{-}CH_2{-}R' \xrightarrow{O_2;\,B(OH)_3} \rightarrow R{-}CHOH{-}R'$$

Bei den relativ geringen Umsätzen und dem hohen Molekulargewicht der Borsäure-trialkylester reicht die zugesetzte Borsäure aus, um allen gebildeten Alkohol als Ester festzulegen. Der geringe Anfall an Ketonen deutet aber darauf hin, daß die Borsäure nicht „wartet", bis der Alkohol gebildet ist, um ihn dann durch Veresterung vor Weiteroxydation zu schützen — dann müßten mindestens 50% Keton entstehen —, sondern daß sie in einer früheren Phase in die Reaktion eingreift. Das Verfahren ist auch zur Oxydation von Cyclododecan zu Cyclododecanol als Teilschritt der Gewinnung von Laurinlactam eingesetzt worden.

Ein anderer Alkoholtyp wird durch Hydroformylierung von Olefinen erhalten. Die am Propen in großem Umfang betriebene Umsetzung mit Kohlenoxid und Wasserstoff führt bei Einsatz von Olefingemischen, die durch Dehydrierung von Paraffinen hergestellt wurden, zu einer Mischung von stellungsisomeren α-verzweigten primären Alkoholen. Auch diese Alkohole lassen sich auf dem Waschmittelsektor einsetzen.

$$R{-}CH{=}CH{-}R' + 2\,H_2 + CO \xrightarrow{Co} R{-}\underset{\displaystyle |}{\overset{\displaystyle CH_2OH}{\overset{|}{C}H}}{-}CH_2{-}R'$$

Die Hauptmenge des Produktionszuwachses in den letzten eineinhalb Jahrzehnten hat der Aufbau von Fettalkoholen aus Ethylen gebracht. In dem Alfolprozeß wird eine ebenfalls von ZIEGLER gefundene Reaktion verwertet. Der Prozeß geht wieder vom Aluminium-triethyl aus, das der gleichen Aufbaureaktion mittels Ethylen unterworfen wird wie beim Alfenprozeß. Aus dem aluminiumorganischen Produkt der Aufbaureaktion wird aber nicht Olefin verdrängt, sondern mit Sauerstoff oxydiert, wobei in 90-proz. Ausbeute Fettalkohole erhalten werden.

$$(R-CH_2-CH_2)_3Al \xrightarrow{O_2} 3\,R-CH_2-CH_2OH$$

Es bilden sich also primäre unverzweigte Alkohole mit gerader Kohlenstoffzahl, die den natürlichen Fettalkoholen besonders ähnlich und daher biologisch leicht abbaubar sind.

2.9.3. Fettsäuren

Da der Anfall von Fettsäuren aus Fetten nicht immer ausreichend war, insbesondere in Zeiten angespannter Ernährungslage, stellte man Fettsäuren durch Paraffinoxydation her. Man mußte von entsprechend langkettigen Paraffinen ausgehen, da nur C—C-Spaltung zu Fettsäuren führte. Man arbeitete mit dem sogenannten Paraffingatsch der FISCHER-TROPSCH-Synthese, der Paraffine mit Kettenlängen von 18—30 C-Atomen enthielt. Oxydiert wurde in flüssiger Phase bei ca. 130 °C. Die Oxydation ging als Radikalkettenreaktion über Alkylhydroperoxide.

Zusatz von Mangansalzen erzeugte aus den Alkylhydroperoxiden Radikale als Kettenstarter. Von den Hydroperoxiden erfolgte Weiterreaktion zu Ketonen; durch deren Weiteroxydation und C—C-Spaltung entstanden die Fettsäuren. Oxydiert wurde bis zu einem Umsatz von 30%.

$$R{-}CH_2{-}CH_2{-}R' \xrightarrow{O_2} R{-}\overset{\displaystyle OOH}{\overset{|}{C}H}{-}CH_2{-}R'$$

$$\xrightarrow{-H_2O} R{-}CO{-}CH_2{-}R'$$

$$\rightarrow \rightarrow R{-}COOH + R'{-}COOH$$

2.9.4. Fettamine

Primäre Amine werden aus den Fettsäuren über die Nitrile erhalten, indem man diese katalytisch hydriert.

$$R{-}COOH \rightarrow R{-}CONH_2 \rightarrow R{-}CN \rightarrow R{-}CH_2{-}NH_2$$

Anwesenheit von Ammoniak bei der Hydrierung drängt die Bildung von sekundärem Amin zurück; gibt man Dimethylamin zu, so kann man Alkyl-dimethylamin erhalten. Weitere in speziellen Fällen auch technisch durchgeführte Reaktionen zur Amingewinnung sind die Alkylierung einfacher Amine mit langkettigen Alkylhalogeniden oder die Hydrierung von Oxoaldehyden in Gegenwart von Ammoniak.

Verwendet werden die Fettamine für kationische Tenside, als Flotationsmittel, im Korrosionsschutz und als Bitumenemulgatoren beim Aufbringen von Asphalt im Straßenbau. Distearyl-dimethyl-ammoniumchlorid ist die wirksame Komponente in Weichspülmitteln.

2.9.5 Wasserlösliche Derivate längerkettiger Paraffine

Bei der Weiterverarbeitung der in den voranstehenden Abschnitten beschriebenen Zwischenprodukte in Richtung Tenside geht es in erster Linie um die Einführung einer Gruppe, die das Molekül wasserlöslich macht. Primäre Fettalkohole werden mit Chlorsulfonsäure oder Oleum in Schwefelsäureester überführt, Olefine durch Anlagerung von Schwefelsäure. Für die Sulfonierung von Alkylbenzenen verwendet man am besten gasförmiges

Schwefeltrioxid. Letzteres dient auch zur Herstellung von Olefinsulfonaten aus Olefinen, an die es nicht wie die Schwefelsäure über Sauerstoff, sondern über Schwefel gebunden wird.

Sehr große Bedeutung hat die unmittelbare Gewinnung von Sulfonsäurederivaten aus Paraffinen durch Sulfochlorierung. Dabei entsteht durch gemeinsame Einwirkung von Schwefeldioxid und Chlor ein Gemisch von stellungsisomeren Alkansulfochloriden. Die Reaktion ist eine Radikalkettenreaktion und wird durch UV-Licht gestartet.

$$R^{\cdot} + SO_2 \rightarrow R{-}SO_2^{\cdot}$$

$$R{-}SO_2^{\cdot} + Cl_2 \rightarrow R{-}SO_2Cl + Cl^{\cdot}$$

$$Cl^{\cdot} + RH \rightarrow R^{\cdot} + HCl$$

$$\overline{RH + SO_2 + Cl_2 \rightarrow R{-}SO_2Cl + HCl}$$

Während sich die Sulfochlorierung sehr schnell als technischer Prozeß durchgesetzt hat, scheint sich die wenig später entdeckte Sulfoxydation nur zögernd durchzusetzen. Sie verläuft als gemeinsame Einwirkung von Schwefeldioxid und Sauerstoff, ebenfalls als Radikalkettenreaktion.

$$R^{\cdot} + SO_2 \rightarrow R{-}SO_2^{\cdot} \xrightarrow{O_2} R{-}SO_2{-}OO^{\cdot}$$

$$R{-}SO_2{-}OO^{\cdot} + RH \rightarrow R{-}SO_2{-}OOH + R^{\cdot}$$

Die Alkansulfopersäure ist nachweisbar, geht jedoch schnell in das stabile Endprodukt, die Alkansulfonsäure, über.

3. Aromatische Zwischenprodukte

3.1. Aromatische Grundkörper

Die Herstellung der zahlreichen aromatischen Zwischenprodukte, aus denen insbesondere die Farbstoffe, Pharmazeutika und Pflanzenschutzmittel produziert werden, geht auf wenige Grundkörper zurück, die auch die Einsatzprodukte sind: Benzen, Toluen, die Xylene, Naphthalen und Anthracen. Die europäische chemische Industrie entwickelte sich, nachdem die Isolierung dieser Verbindungen aus Steinkohlenteer, ihre Funktionalisierung und ihre Verknüpfung zu Farbstoff- und biologisch aktiven Molekülen möglich geworden war.

3.1.1. Benzen, Toluen, Xylene

Obwohl Benzen und seine Abkömmlinge im vorigen Jahrhundert Schlüsselprodukte großer Industriebetriebe waren, war ihre Menge nach den heute geläufigen Größenordnungen nicht besonders groß. Bei dem Benzolfest, das zum 25. Jubiläum der KEKULE'schen Benzolformel im Jahre 1890 veranstaltet wurde, nannte man eine Weltproduktion von 10000 Jato Benzen. In den Siebzigerjahren unseres Jahrhunderts wurde die 10-Mill.-Tonnengrenze überschritten. Dieses starke Wachstum kam unter anderem dadurch zustande, daß das Aufkommen an Benzen schnell den damaligen Bedarf überschritt, nachdem man es nicht nur aus Steinkohlenteer, sondern in erheblich größerer Menge aus Kokereigasen gewinnen konnte. Die aufstrebende Kraftfahrzeug-Industrie brachte eine Einsatzmöglichkeit großen Stils. Die Verwendung als Kraftstoff wurde etwa ab Mitte dieses Jahrhunderts von anderen inzwischen entwickelten Einsatzgebieten abgelöst, wobei die chemische Veredlung mengenmäßig wieder stark in den Vordergrund trat. Neben die Zwischenprodukten-Herstellung für Farbstoffe und Pharmaka trat die Verwendung aromatischer Zwischenprodukte für Pflanzenschutzmittel mit ihren um mindestens eine Zehnerpotenz größeren Produktionsmengen. Die Hydrierung des Benzens zu Cyclohexan wurde Basis für die Produktion von Cyclohexanon und damit für Caprolactam, Adipinsäure und Adipo-dinitril, die Vorprodukte der Chemiefasern Nylon-6 (Dederon, Perlon) und Nylon-66. Styren, eins der im größten Stil produzierten Monomeren, wird aus Benzen über Ethylbenzen hergestellt.

Auch gehen fast alle Phenolsynthesen vom Benzen aus. Weitere Großprodukte aus Benzen sind Maleinsäureanhydrid, das man durch Gasphasenoxidation des Benzens herstellt, und das Alkyierungsprodukt Dodecylbenzen, ein Zwischenprodukt für die Waschmittelherstellung. Rückläufig ist der Einsatz von Benzen als Lösungsmittel, da aus toxikologischer Sicht erhebliche Bedenken erhoben wurden.

Von der heutigen Weltproduktion an Reinbenzen werden 37—39% auf Styren, 21—24% auf Phenol, 12—21% auf Cyclohexanon, 10—12% auf Chlorierungs- und Nitrierungsprodukte, 6—8% auf Alkylbenzene und 2—4% auf Maleinsäureanhydrid verarbeitet.

Da der Anfall von Toluen und Xylenen bei den meisten Herstellungsverfahren an den Anfall von Benzen gekoppelt ist, sind stets Toluenmengen vergleichbarer Größenordnung dagewesen, ohne daß die Verwendung für eine chemische Veredlung immer Schritt halten konnte. Toluen wurde daher, meistens ohne Aufarbeitung zur reinen Verbindung, den Kraftstoffen zugesetzt. Daneben wurde Toluen entweder durch Disproportionierung in Benzen und Xylene umgewandelt oder durch hydrierende Entalkylierung in Benzen überführt. Schließlich hat man mit Erfolg versucht, große Zwischenprodukte von Benzen auf Toluen als Vorstufe umzustellen. Beispielweise wird nach dem SNIA-VISKOSA-Verfahren Toluen über Benzoesäure und Hexahydro-benzoesäure in Caprolactam und über Benzoesäure in Phenol übergeführt.

Unverändert ist Toluen die Stammsubstanz für viele kleine und mittlere Zwischenprodukte, beispielsweise Benzylchlorid für die Celluloseveredlung, Benzaldehyd für die Riechstoffindustrie, für Saccharin, den Spreng-

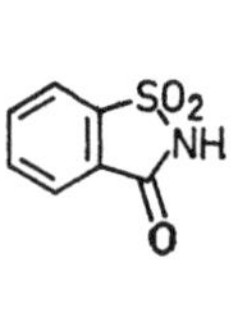

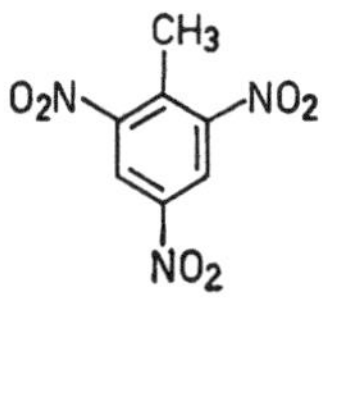

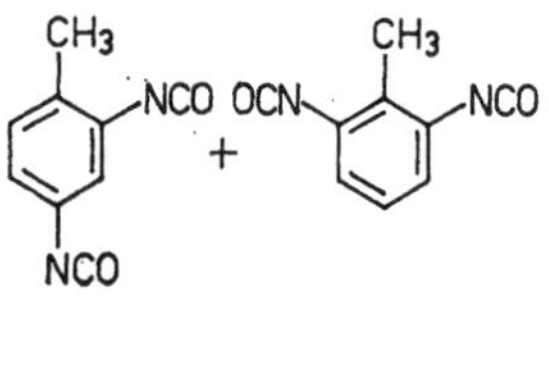

stoff Trinitrotoluen, für die Polyurethan-komponente Toluylen-diisocyanat und viele andere.

Als Lösungsmittel ist Toluen weniger bedenklich als Benzen.

Der unspezifische Einsatz von Xylengemischen als Lösungsmittel tritt ebenso wie der Einsatz als Kraftstoffkomponente heute zurück gegenüber einer chemischen Umwandlung einheitlicher Xylenisomerer in definierte Produkte, wobei insbesondere die Oxydation der Methylgruppen zu Carboxylgruppen in allergrößtem Maßstab durchgeführt wird. o-Xylen geht dabei in Phthalsäure bzw. Phthalsäureanhydrid über und hat Naphthalin als Ausgangsmaterial weitgehend verdrängt. Als Nebenprodukt entstehen geringe Mengen Maleinsäureanhydrid, was wegen der Größe der Produktionen zum Aufkommen an Maleinsäureanhydrid beiträgt.

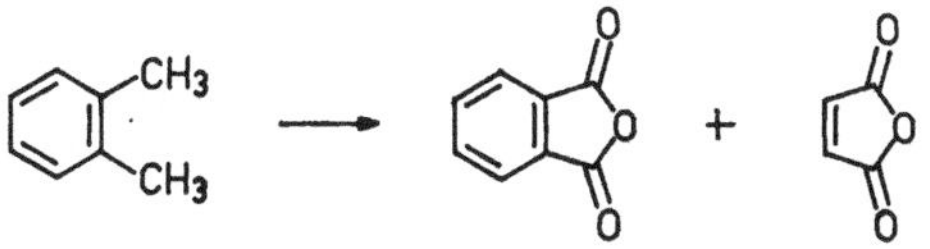

Auch für das p-Xylen besteht heute ein Bedarf in der Größenordnung von Millionen Tonnen. Es ist heute praktisch konkurrenzloses Vorprodukt für Terephthalsäure.

Mit dem Anwachsen des Bedarfes an o- und p-Xylen wurde die Verwertung des m-Xylens problematisch. Es spielte zwar eine gewisse Rolle in der Parfümerieindustrie, da es sich durch Einführung einer tert.-Butylgruppe und anschließende Nitrierung in „Xylolmoschus" überführen läßt. Selbstverständlich erreichten solche Produktionen keine petrolchemischen Größenordnungen.

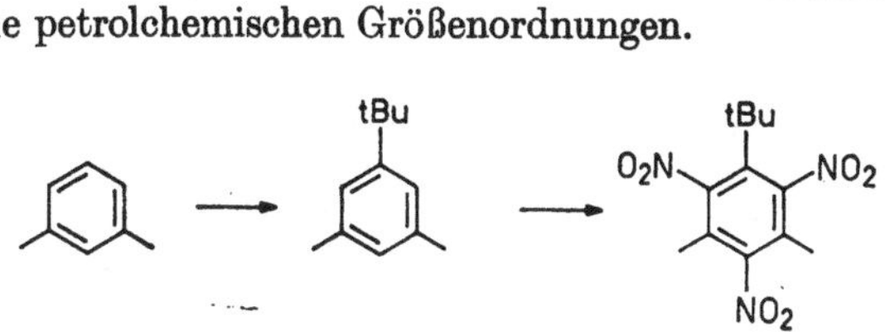

Man ging zunächst dazu über, m-Xylen zu einem Gemisch der o- und p-Verbindung zu isomerisieren, was unter Druck an Molybdän- und Wolframoxiden bei 400–500 °C gelang.

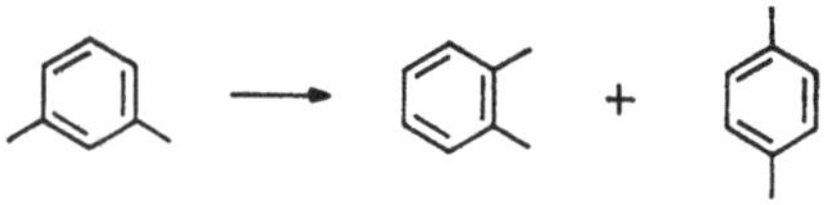

Erst in letzter Zeit deutet sich ein großes Einsatzgebiet für m-Xylen an: Man oxydiert zur Dicarbonsäure und kondensiert diese entweder mit m-Phenylendiamin zu Polyamiden oder mit einem Tetramin zu Poly-heterocyclen. Beide Typen beginnen sich als schwer schmelzbare und schwer entflammbare Polyamide durchzusetzen.

Die Gewinnung der BTX-Aromaten, Benzen, Toluen und Xylene, erfolgte früher aus Steinkohlenteer und Kokereigasen. Benzen fiel ungefähr zu einem Prozent der erzeugten Koksmenge an. Noch vor 25 Jahren war die Steinkohle Vorprodukt für die Hauptmenge der erzeugten Aromaten.

Mit der Entwicklung der Petrolchemie ergaben sich zwei weitere ergiebige Quellen für Aromaten. Bei der Benzinspaltung entstehen nicht nur niedrige Olefine, sondern auch in erheblicher Menge aromatenreiche Fraktionen. Eine weitere Quelle ist das Schwerbenzin-Reformat. Beim Reformieren werden durch katalytisches Isomerisieren und Dehydrieren aus paraffinischen und cyclischen Kohlenwasserstoffen Isoparaffine und Aromaten gebildet. Dieser Prozeß war zunächst für die Verbesserung der Eigenschaften von Kraftstoffen entwickelt worden.

Der Aromatenanfall des in sehr großem Umfang betriebenen Reformierens ist zusammen mit dem Aromatenanfall der Pyrolyse ausreichend, um den Bedarf der chemischen Industrie zu decken, so daß der gezielte Aufbau von Aromaten aus kleineren Molekülen, etwa von p-Xylen aus Isobuten oder von Benzen aus n-Hexan noch nicht in größerem Umfang betrieben wird, obwohl Verfahren dafür zur Verfügung stehen. Die Gewinnung von Aromaten bei der Verkokung von Steinkohle ist seit 1950 nicht nur relativ, sondern sogar abolut zurückgegangen. Das starke Anwachsen der Aromatenverarbeitung erfolgte auf der Basis der beiden petrolchemischen Gewinnungsmethoden.

Problematisch ist das Verhältnis der einzelnen Verbindungen, das sich in den beiden Prozessen kaum beeinflussen läßt und natürlich mit dem Bedarf an den einzelnen Verbindungen nicht identisch ist. Man rechnet heute etwa mit einem Bedarf an Benzen, Toluen und Xylenen im Verhältnis 4:3:2. Das Reformieren läßt bevorzugt alkylierte Aromaten entstehen; das BTX-Verhältnis beträgt hier etwa 1:4:5. Bei der Pyrolyse beträgt es etwa 5:3:2, ist also sehr viel günstiger für das Benzenaufkommen. Man hat, um Anfall und Bedarf ins Gleichgewicht zu bringen, Prozesse für die Umalkylierung und Entalkylierung ausgearbeitet. Neben den bereits erwähnten Prozessen zur Disproportionierung und Demethylierung von Toluen gibt es einen Transalkylierungsprozeß, der die bisher wenig verwerteten Trialkylbenzene verwendet, die mit Toluen Xylengemische ergeben:

$$\text{Trimethylbenzene} + \text{Toluen} \rightarrow \text{Xylene}$$

Mit dem Zurückgehen des Einsatzes der Aromaten als Kraftstoff und der Zunahme der chemischen Umwandlung ist man immer mehr zur Gewinnung formelreiner Aromaten übergegangen. Heute stehen die BTX-Aromaten in Reinheiten von mehr als 99% zur Verfügung.

3.1.2. Naphthalen

Naphthalen wurde früher ebenfalls ausschließlich aus Steinkohlenteer gewonnen, in dem es zu etwa 5—10% vorliegt. Man erhielt es aus geeigneten Fraktionen nach Abtrennung saurer und basischer Aromaten durch Kristallisation. Naphthalen unterliegt dem gleichen Trend einer zunehmenden Gewinnung aus Erdöl; im Gegensatz zu den BTX-Aromaten ist die Umstellung aber noch nicht weit fortgeschritten. Mindestens die Hälfte des Naphthalens stammt auch heute noch aus dem Steinkohlenteer. Ein zusätzliches Aufkommen ergibt sich aus der Hydrodealkylierung von Methylnaphthalenen. Da der größte Naphthalenverbraucher, der Oxydationsprozeß zum Phthalsäureanhydrid, heute weitgehend auf o-Xylen umgestellt ist, hat Naphthalen das starke Wachstum der BTX-Aromaten nicht mitgemacht. Im Weltmaßstab wird heute etwas über eine Million Tonnen jährlich erzeugt.

Mehr als ein Drittel des Naphthalens geht in die Zwischenproduktenherstellung für Farbstoffe; ein Teil wird über 1.4-Naphthochinon in Anthrachinon umgewandelt; ein erheblicher Anteil wird zu Tetralin und Dekalin hydriert. Diese beiden Produkte waren frühe Beispiele industrieller Hydrierungen. Solange Naphthalen Überschußprodukt war, lohnte ein Einsatz der Hydrierungsprodukte

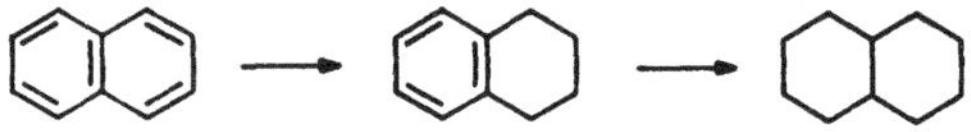

als Kraftstoff. Heute steht Naphthalen für Treibstoffe nicht mehr zur Verfügung. Außerdem besaßen die Produkte durch ihren Siedepunkt weder als Vergaser- noch als Dieselkraftstoffe optimale Eigenschaften. Sie spielen heute vor allem als Lösungsmittel eine Rolle. Tetralin wird zur Formulierung von Insecticiden benutzt, Dekalin als Verdünner für Bohnerwachs und Schuhcreme.

Die Verwendung von Naphthalen zur Konservierung von Fellen und Pelzen und als Mottenkugeln spielte früher eine große Rolle. Aus Naphthalen hergestelltes β-Naphthol ist Ausgangsprodukt für synthetische Gerbstoffe. Man kondensiert sulfoniertes β-Naphthol mit Formaldehyd und einfachen Phenolen zu höhermolekularen wasserlöslichen Verbindungen. Substitutierte Sulfonsäuren des Naphthalens dienen als Dispersions-, Emulgierungs- und Netzmittel. Phenyl-β-naphthylamin ist ein wichtiger Inhibitor und dient als Zusatz zur Verbindung von Autoxydationsprozessen.

3.1.3. Anthracen

Anthracen und das von ihm abgeleitete Anthrachinon sind klassische, aber auch heute noch an Bedeutung zunehmende Ausgangsstoffe für Farbstoffe. Die Synthese des Alizarins aus Anthrachinon durch GRAEBE und LIEBERMANN brachte den ersten großen Erfolg in der Konkurrenz eines Naturfarbstoffes mit der synthetischen Verbindung.

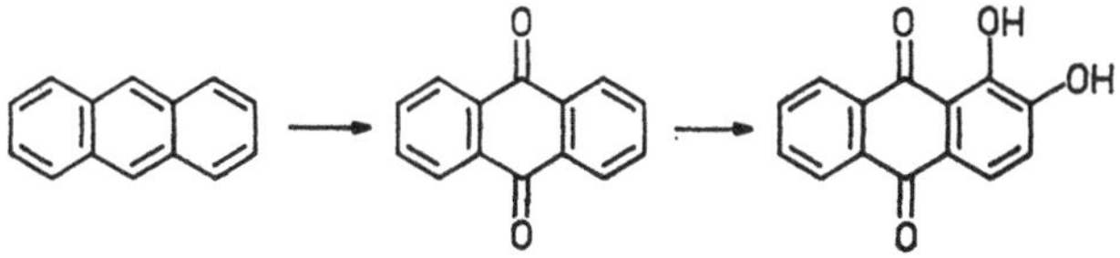

Anthracen ist praktisch nur die Vorstufe des Anthrachinons, an dem alle weiteren synthetischen Schritte ansetzen. Anthracen liegt zu etwa 1.5% im Steinkohlenteer vor. Es ist weniger leicht rein darzustellen als Naphthalen; zur Erzeugung reinen Anthracens sind mehrere Destillations- und Kristallisationsschritte erforderlich. Es wurden daher relativ früh aufbauende Synthesen ausgearbeitet. Während aber keine der vielen Bildungsweisen des Anthracens — es entsteht beispielsweise aus Benzen und Tetrabrommethan — zu einer technischen Herstellung ausgenutzt wurde, gibt es heute mehrere industrielle Synthesen für Anthrachinon.

Zur Herstellung von Anthrachinon aus Anthracen kann nach der schon von GRAEBE und LIEBERMANN benutzten Arbeitsweise Chromsäure verwendet werden. Das Verfahren hat sich bis heute gehalten, da das anfallende dreiwertige Chrom zur Produktion von Gerbstoffen verwendet werden kann. Ein moderneres Verfahren oxydiert mit Luft an Vanadinpentoxid-kontakten in der Gasphase; es liefert ein besonders leicht abtrennbares und sehr reines Anthrachinon.

Unter den aufbauenden Synthesen ist die Herstellung aus Benzen und Phthalsäureanhydrid die älteste. Sie wurde in den USA frühzeitig angewendet, da Mangel an

Rohanthracen bestand. Man setzt in einer FRIEDEL-CRAFTS-Reaktion das Anhydrid mit Benzen in Gegenwart von Aluminiumchlorid um. Der Ringschluß der o-Benzoylbenzoesäure zum Anthrachinon wird durch konzentrierte Schwefelsäure bewirkt. Die Reaktion verläuft derart glatt, daß man die erhaltenen schwefelsauren Lösungen des Anthrachinons direkt in weitere Umwandlungen, beispielsweise die Herstellung von Anthrachinon-sulfonsäure, einsetzen kann.

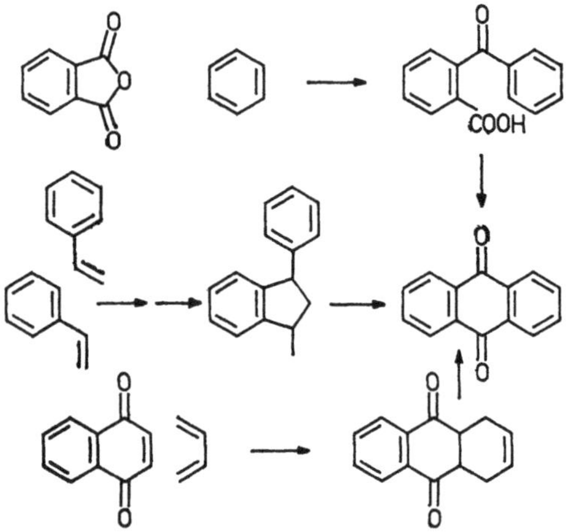

Ein neues, zur Darstellung größerer Mengen handlicheres Verfahren geht vom Styren aus, das in zwei säurekatalysierten Schritten zunächst in ein Lineardimeres, dann durch Ringschluß in ein Methyl-phenyl-indan überführt wird. Dessen anschließende Oxydation zur o-Benzoyl-benzoesäure läßt sich so lenken, daß man sofort zum Anthrachinon kommt. Dazu oxydiert man in der Gasphase mit Luft am Vanadinpentoxidkontakt.

Neuerdings stellt man Anthrachinon aus Naphthalen her, indem man zum 1.4-Naphthochinon oxydiert und durch DIELS-ALDER-Reaktion mit Butadien zu einem hydrierten Anthrachinon umsetzt, dessen Dehydrierung sich anschließt.

Anthrachinon ist eins der wichtigsten Zwischenprodukte für organische Farbstoffe. Von ihm leiten sich wichtige Dispersions- und Küpenfarbstoffe ab, die als erste synthetische Farbstoffklasse Indigoechtheit erreichten. In den letzten Jahren sind insbesondere Pigmentfarbstoffe auf Anthrachinonbasis dazugekommen.

Der quantitative Übergang von Anthrahydrochinon in Anthrachinon und Wasserstoffperoxid erlaubt dessen technische Herstellung durch Pendeln zwischen Chinon- und Hydrochinonstufe. Aus Löslichkeitsgründen arbeitet man mit 2-Ethyl-anthrahydrochinon, das mit Sauerstoff zu Wasserstoffperoxid und 2-Ethyl-anthrachinon oxidiert wird; letzteres wird durch katalytische Hydrierung wieder in das Hydrochinon übergeführt.

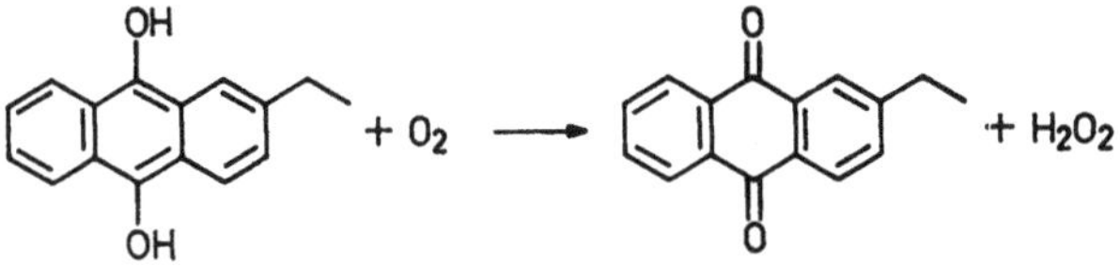

3.2. *Funktionalisierung aromatischer Grundkörper*

Bei der schnellen Entwicklung der chemischen Industrie im vorigen Jahrhundert trafen sich die Verfügbarkeit der Aromaten, deren relativ einfache Überführbarkeit in definierte Substitutionsprodukte und die universelle Einsetzbarkeit funktionalisierter aromatischer Verbindungen für die Synthese von Farbstoffen. Der Ausbau der aromatischen Zwischenprodukte war dann die günstige Voraussetzung für die Neuentwicklung von Produkten, zunächst von Pharmaka, dann von Pflanzenschutzmitteln.

Die aromatischen Zwischenprodukte werden durchweg aus den aromatischen Grundkörpern, von denen sich ihre Strukturen ableiten, hergestellt. Der Aufbau des aromatischen Ringes unter Einbringen von Substituenten, der in der heterocyclischen Reihe eine große Rolle spielt, ist für die Herstellung aromatischer Zwischenprodukte ohne Bedeutung. Zur Funktionalisierung von Benzen, Toluen, den Xylenen, Naphthalen und Anthrachinon dienen Reaktionen, die mechanistisch zur Gruppe der elektrophilen Substitutionen gehören, vor allem die Nitrierung, die Sulfonierung und die Halogenierung, in geringerem Maße die Nitrosierung, die FRIEDEL-CRAFTS-Alkylierung und die Chlormethylierung. Auch für die Abwandlung der Substituenten hat sich eine begrenzte Zahl von Standardoperationen herausgebildet, beispielsweise der Ersatz einer Sulfogruppe durch Abschmelzen, der nucleophile Austausch von aktiviertem Halogen und die Reduktion der Nitrogruppe.

3.2.1. Elektrophile Substitution von Aromaten

3.2.1.1. Nitrierung

Die Nitrierung aromatischer Grundkörper mit Salpetersäure ist die wichtigste Reaktion zur Einführung von Stickstoff. Hinsichtlich Substituenteneffekten auf die Reaktionsgeschwindigkeit und Isomerenverteilung bei Zweitsubstitution ist sie repräsentativ für die mechanistisch sehr einheitliche Gruppe der elektrophilen aromatischen Substitution.

Die Nitrierung verläuft entsprechend nachstehendem Schema. Die Reaktion ist irreversibel. Die Abspaltung von Wasser ist der eigentlichen Nitrierungsreaktion vorgelagert; sie erfolgt durch Heterolyse der protonierten Salpetersäure. Das dabei entstehende Nitryl-kation $^{\oplus}NO_2$ ist das eigentliche nitrierende Agens. Seine Anlagerung an den Aromaten führt zu einem intermediären Kation, das durch Protonabspaltung das Endprodukt ergibt.

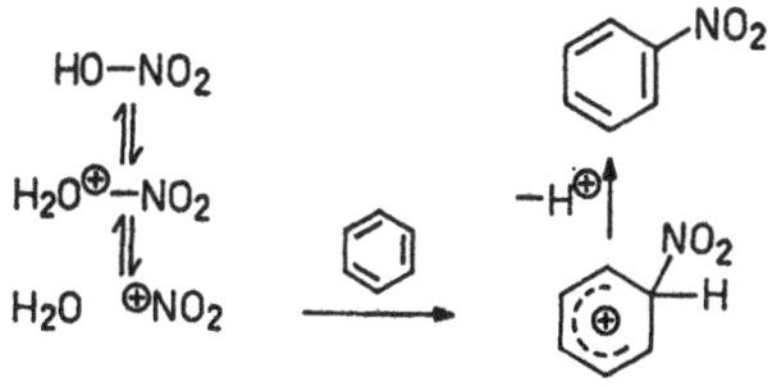

Geschwindigkeitsbestimmend ist in der Mehrzahl der Fälle die Bildung des Pentadienyl-kations aus Nitryl-kation und Aromat. Nur sehr reaktive Aromaten, die imstande sind, jedes gebildete Nitryl-kation sofort abzufangen, können den Heterolyseschritt zum geschwindigkeitsbestimmenden Schritt machen.

Für den Ablauf der Nitrierung muß eine genügende Konzentration an protonierter Spezies vorliegen. Man kann daher nur bei reaktiven Aromaten, beispielsweise Acylaniliden, mit Salpetersäure allein arbeiten. Bei unsubstituierten Aromaten, erst recht bei Anwesenheit von elektronenziehenden Substituenten, arbeitet man unter Zusatz von konzentrierter Schwefelsäure, meistens mit sogenannter Nitriersäure, einer Mischung Salpetersäure-Schwefelsäure. Dabei hat die Schwefelsäure nicht die Aufgabe, „Wasser zu binden", wie es in älteren Lehrbüchern formuliert wird, sondern das Protonierungsvermögen der Lösung zu erhöhen, das durch das gebildete Wasser herabgesetzt wird. Die Unterschiede im Protonierungsvermögen von Säuren verschiedener Konzentration sind außerordentlich groß: Konzentrierte Schwefelsäure wirkt um rund 11 Zehnerpotenzen stärker protonierend als einnormale wäßrige Säure.

Die Bildung eines Kations im geschwindigkeitsbestimmenden Schritt läßt eine erhebliche Beeinflussung der Reaktionsgeschwindigkeit durch Substituenten voraussehen. Qualitativ beobachtet man für elektrophile aromatische Substitutionen einen Reaktivitätsabfall in der Reihe

$$R_2N > OH > OCH_3 > \text{Alkyl} > H > Cl > COOH > {}^{\oplus}NR_3 > NO_2$$

Die Anwendung der etwas modifizierten Hammet-Gleichung auf die aromatische Substitution führt zu sehr hohen Reaktionskonstanten. Beispielsweise bedeutet der für die Nitrierung in Acetanhydrid gefundene ϱ-Wert von $-6{,}5$, daß ein Substituentenwechsel, der die Acidität der Benzoesäure um eine Zehnerpotenz steigert, die Nitrierung um den Faktor $10^{6,5}$ verlangsamt. Man findet beispielsweise folgende relative Nitrierungsgeschwindigkeiten: Benzen = 1, Toluen = 23, Chlorbenzen = 0.033, Nitrobenzen = 10^{-6}.

Aus der Beeinflussung der Reaktionsgeschwindigkeit lassen sich die dirigierenden Effekte der Substituenten (siehe Tabelle) verständlich machen, wobei es sehr lange bekannt ist, daß die typisch meta-dirigierenden Substituenten die Gesamtgeschwindigkeit stark herabsetzen, die typisch ortho-para-dirigierenden Substituenten die Reaktion beschleunigen oder mäßig verlangsamen.

Tabelle 1

o-m-p-Verhältnis bei der Nitrierung von monosubstituierten Benzenderivaten. (X = Erstsubstituent. Zahlenangaben auf ganze Prozent aufgerundet.)

X	o	m	p	
$^{\oplus}N(CH_3)_3$	0	100	0	meta-dirigierend
NO_2	6	93	1	
COOEt	24	74	2	
CHO	19	72	9	
CH_3	59	4	37	ortho-para-dirigierend
Cl	30	1	69	
OCH_3	44	2	54	
OH	40	0	60	

Zu einem qualitativen Verständnis kommt man durch die bekannte Aufteilung der Substituenteneffekte in einen Mesomerieeffekt ($+M$; $-M$) und einen induktiven Effekt ($+I$; $-I$). Der Mesomerieeffekt — nachstehend als $+M$-Effekt für Anisol und als $-M$-Effekt für Nitrobenzen formuliert, — läßt die unterschiedliche Beeinflussung von m-Stellung einerseits und o- und p-Stellung andererseits erkennen. Die starke Erhöhung der Elektronendichte erfaßt beim Anisol nur die o- und p-Stellung; das Gleiche gilt für die Erniedrigung der Ladungsdichte im Nitrobenzen.

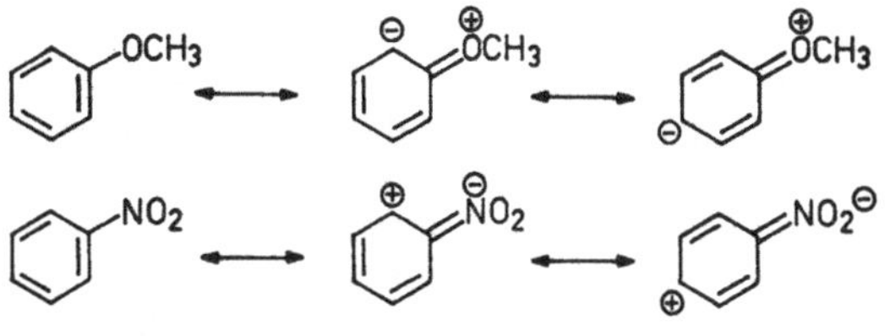

Demgegenüber wirkt der induktive Effekt nicht alternierend und setzt als $+I$-Effekt von Alkylgruppen die Ladungsdichte im gesamten Aromaten herauf, bei praktisch allen anderen Substituenten setzt er als $-I$-Effekt die Ladungsdichte herab.

Betrachtet man nun das im geschwindigkeitsbestimmenden Schritt der elektrophilen aromatischen Substitution gebildete Pentadienylkation für o-, m- und p-Substitution, so erkennt man, daß o- und p-Addukt eine Grenzform besitzen, bei der die positive Ladung am substituierten C-Atom des Ringes steht. In diesen Fällen wird die Zwischenstufe sowohl durch einen $+M$-Effekt (beispielsweise Methoxyl) als auch durch einen $+I$-Effekt (beispielsweise Methyl) stabilisiert und damit die Geschwindigkeit gegenüber der m-Substitution heraufgesetzt.

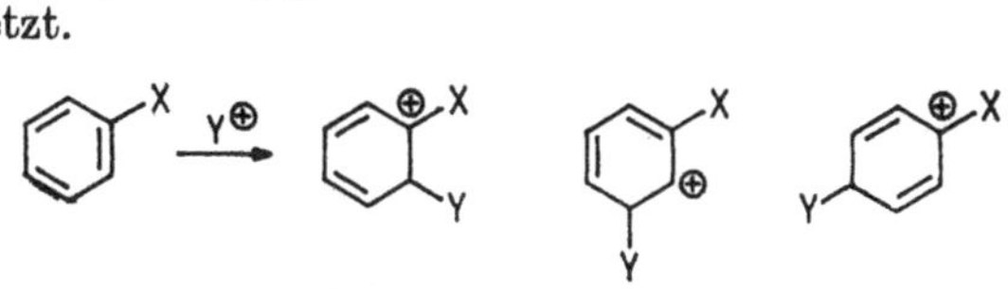

Die Bevorzugung der o—p-Substitution gilt auch dann noch, wenn, wie im Falle des Chlorbenzens, durch einen starken $-I$-Effekt die Reaktionsgeschwindigkeit herabgesetzt wird, aber teilweise Kompensation des Elektronenzuges durch einen $+M$-Effekt für die o- und p-Position gegeben ist.

Ist in der obigen Darstellung der Erstsubstituent X ein Elektronenzieher, dann wird die Zwischenstufe der o- und p-Substitution energetisch stärker benachteiligt als die der m-Substitution, auch wenn durch den immer vorhandenen *—I*-Effekt die Geschwindigkeit für alle drei Substitutionsorte herabgesetzt wird: Bei stark verringerter Geschwindigkeit erfolgt Substitution in m-Stellung.

Für die Durchführung der Nitrierung, insbesondere im technischen Maßstab, ist folgendes zu berücksichtigen: Je niedriger die Arbeitstemperatur, um so selektiver ist die Reaktion. Die Bildung von Nebenprodukten, die in der Regel eine höhere Aktivierungsenergie hat, tritt bei tiefen Temperaturen mehr zurück als bei höheren Temperaturen. Aromatennitrierungen sind mit bis zu 120 kJ/Mol exotherm (73 kJ/Mol für die Nitrierung von 2.4-Dinitrotoluen, 116 kJ/Mol für die Nitrierung des Toluens). Wenn nicht besonders reaktionsträge Aromaten wie Nitrobenzen nitriert werden sollen, arbeitet man bei 0 °C bis höchstens 50 °C. Bei zu hoher Nitrierungstemperatur geht nicht nur die Selektivität hinsichtlich Eintrittsort des Substituenten zurück, sondern es können oxydative Nebenreaktionen, beispielsweise an Alkylgruppen, zum Zuge kommen, die bei einem Durchgehen der Reaktion zur Explosion führen können. Als Regel gilt, daß man das Nitrierungsreagenz — Nitriersäure, konzentrierte oder in Ausnahmefällen verdünnte Salpetersäure — dem Substrat zudosiert. Bei Gegenwart von Schwefelsäure ist stöchiometrischer Einsatz von Salpetersäure ausreichend. Ein Lösungsmittel ist fast nie erforderlich, da konzentrierte Schwefelsäure ausreichendes Lösevermögen für die meisten Aromaten besitzt. In speziellen Fällen wird Eisessig, Chlorbenzol oder bei der Pyren-nitrierung sogar Benzen als Lösungsmittel verwendet. Selbstverständlich muß die Reaktivität des Substrates die des Lösungsmittels um Größenordnungen übersteigen. Zur Isolierung der Nitroverbindungen kann man meistens mechanisch vom Säuregemisch trennen, da die Löslichkeit der Nitroverbindungen in Schwefelsäure wesentlich geringer ist als die der eingesetzten Aromaten. Nitrierte Naphthalensulfonsäuren sind wasserlöslich. Zur Isolierung und Isomerentrennung nutzt man die unterschiedliche Löslichkeit der Erdalkalisalze.

Die Nitrierung des Benzens zum Nitrobenzen verläuft mit Ausbeuten von 99%. Sie wird seit Jahrzehnten zunehmend kontinuierlich durchgeführt. Nitrobenzen dient vor allem zur Weiterverarbeitung zu Anilin. Es werden aber auch weitere Zwischenprodukte durch Chlorierung, Sulfonierung und durch weitere Nitrierung hergestellt. Nitrobenzen wurde früher zur Odorierung von billigen Seifen verwendet. Im Laboratorium dient Nitrobenzen als Lösungsmittel, manchmal auch als Oxydationsmittel, beispielsweise, um bei der Skraup'schen Chinolinsynthese den Dihydroaromaten zum Aromaten zu dehydrieren. Das starke Oxydationsvermögen erkennt man auch daran, daß schon beim Kochen mit Methylatlösung quantitativ Reduktion zum Azoxybenzen erfolgt.

Die Weiternitrierung des Nitrobenzens zum m-Dinitrobenzen erfordert rauchende Salpetersäure und Temperaturen bis 90 °C. Das Produkt wird sowohl halbseitig als auch beidseitig zum Amin reduziert. Sowohl m-Nitranilin als auch m-Phenylendiamin sind Zwischenprodukte für Farbstoffe.

Von den Nitrierungsprodukten des Toluens sind die drei Monoverbindungen, 2.4- und 2.6-Dinitrotoluen sowie 2.4.6-Trinitrotoluen technisch wichtig. Die Monoverbindungen sind nach Umwandlung in die Toluidine A und die Tolidine B Diazotierungskomponenten für Azofarbstoffe. o-Nitrotoluen war Ausgangsmaterial für o-Nitrobenzaldehyd; p-Nitrotoluen wird über p-Nitrotoluensulfonsäure in Diaminostilben-disulfonsäure C überführt,

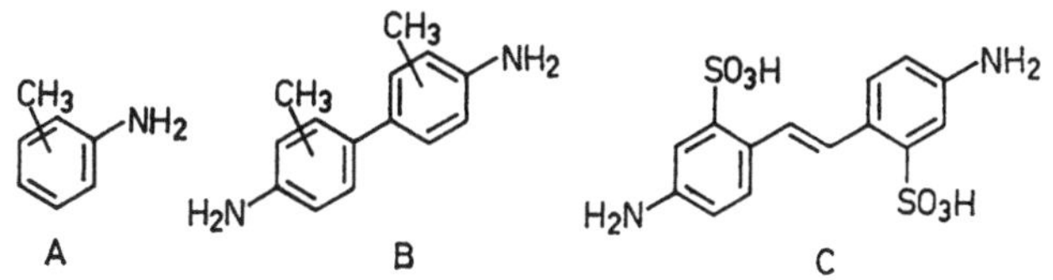

ein Zwischenprodukt für den besonders lichtechten gelben Farbstoff Chrysophenin. Das Gemisch von 2.4- und 2.6-Dinitrotoluen hat als Vorprodukt für Diisocyanate Karriere gemacht.

Die Nitrierung des Toluens läßt sich bis zum 2.4.6.-Trinitrotoluen treiben, wobei schließlich bei 110 °C gearbeitet wird. Trinitrotoluen ist die wichtigste Nitroverbindung unter den Sprengstoffen.

Chlorbenzen gibt bei der bei 40—70 °C durchgeführten Nitrierung ein Gemisch von o- und p-Nitrochlorbenzen im Verhältnis 1:2. Aus dem Rohprodukt kristallisiert etwa die Hälfte der p-Verbindung aus; die flüssigen Anteile werden destillativ aufgetrennt.

Beide Nitrochlorbenzene sind vielseitige Zwischenprodukte, da nicht nur die Nitrogruppe durch Reduktion eine reaktive Gruppierung ergibt, sondern durch die o- bzw. p-ständige Nitrogruppe das Chlor beweglich ist und gegen Hydroxyl-, Alkoxyl- oder Aminogruppen ausgetauscht werden kann, so daß Aminophenole und Diamine zugänglich werden.

Die Chlorbenzennitrierung wird in Anlagen von Tausenden von Jahrestonnen betrieben, da sie Vorstufe des für insecticide Thiophosphorsäureester benötigen p-Nitrophenols ist. Die Verwendung des o-Nitrochlorbenzens, das in entsprechenden Mengen mitentsteht, hat zeitweise mit der Ausdehnung der Produktion nicht Schritt gehalten.

Auch die Weiternitrierung zum 2.4-Dinitrochlorbenzen wird in großem Umfang durchgeführt, da es mehrere große Einsatzgebiete des daraus erhältlichen 2.4-Dinitrophenols gibt, vor allem die Produktion von Schwefelschwarz durch Polysulfidschmelze und die Herstellung der als Sprengstoff wichtigen Pikrinsäure durch weitere Nitrierung. o-Nitrochlorbenzen kann nicht alleinige Vorstufe des 2.4-Dinitrochlorbenzens sein, da seine Nitrierung einen zu hohen Anteil an 2.6-Dinitrochlorbenzen ergibt.

In der Naphthalenreihe, in der es eine sehr große Anzahl von wichtigen Farbstoffzwischenprodukten gibt, konkurriert für die Aminherstellung die Nitrierung mit der

Bucherer-Reaktion, der Umwandlung von Naphtholen in Naphthylamine mittels Bisulfit und Amin. Die Nitrierung des Grundkörpers gibt praktisch nur die 1-Nitroverbindung, die auf 1-Naphthylamin weiterverarbeitet wird. Weitere Nitrierung ergibt ein Gemisch von 1.5- und 1.8-Dinitronaphthalen. Beide daraus erhältlichen Diamine dienen als Farbstoffzwischenprodukte; das 1.5-Diaminonaphthalen spielt eine gewisse Rolle für eine Diisocyanatkomponente der Polyurethane.

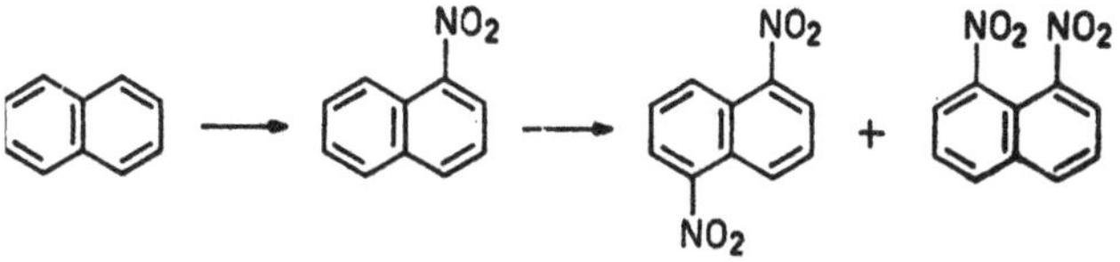

Die Kombination von Nitrierung und Sulfonierung stellt in der Naphthalenreihe, in der wenig chloriert wird, den wichtigsten Zugang zu Zwischenprodukten dar. Die Sulfonierung liegt meistens vor der Nitrierung, so daß man oft die Sulfonsäuren nicht isoliert, sondern unter Benutzung der zu ihrer Herstellung eingesetzten überschüssigen Schwefelsäure im gleichen Ansatz nitriert. Da bereits die Sulfonierung Gemische ergibt, entstehen bei der anschließenden Nitrierung Gemische von bis zu vier Komponenten, für deren Trennung Löslichkeitsunterschiede der Salze herangezogen werden. Es schließen sich Reduktionen der Nitrogruppen und, oft partielle, Abschmelzungen von Sulfogruppen an. Beispielsweise erhält man aus der Naphthalen-2-sulfonsäure durch Nitrierung und Reduktion die Clevesäure, daneben die Clevesäure-7.

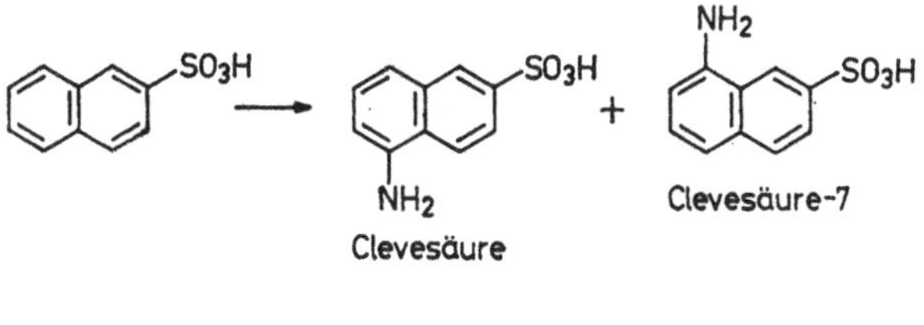

Clevesäure Clevesäure-7

Die Naphthalen-1-sulfonsäure wird sowohl in 8-Stellung als auch in 5-Stellung nitriert. Aus der erstgenannten Nitroverbindung erhält man die Perisäure, aus letzterer durch Weiternitrierung der 4-Stellung und Reduktion eine Diaminosulfonsäure.

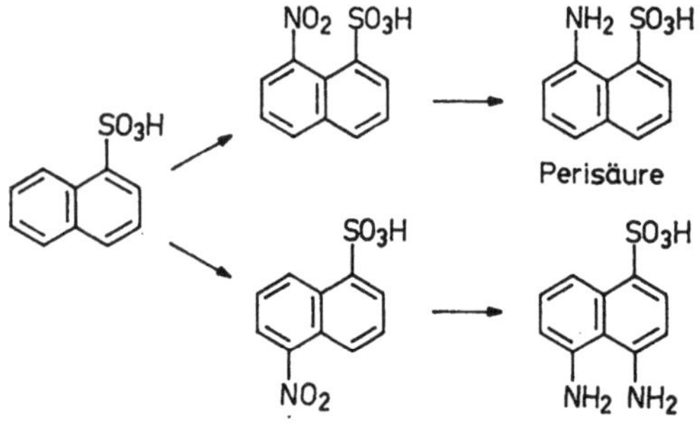

Sogenannte Buchstabensäuren sind die B-Säure aus dem Nitrierungsprodukt einer Trisulfonsäure, die unter anderem Bestandteil des legendären Germanins, des Heilmittels gegen die Schlafkrankheit war, und die analoge Hydroxyverbindung, die K-Säure.

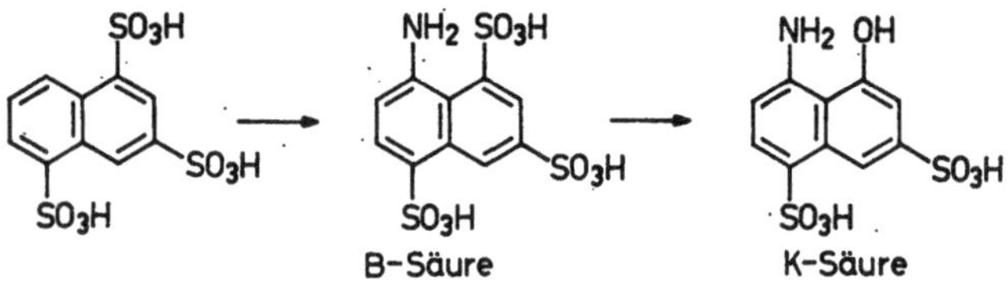

3.2.1.2. Sulfonierung

Die Einführung der Sulfonsäuregruppierung in Aromaten ist eine sehr wichtige Operation der Zwischenproduktenchemie, da diese Gruppierung einerseits selbst als funktionelle Gruppe von Bedeutung ist, andererseits Abwandlungen zu anderen funktionellen Gruppen möglich sind. Als funktionelle Gruppe dient der Sulfonsäurerest vor allem zum Wasserlöslichmachen, beispielsweise von

Farbstoffen, aber auch von Tensiden. Sulfonsäuren gehen als Zwischenprodukte in Gerbstoffe, Ionenaustauscher, Netzmittel, wasserlösliche Harze und Verdickungsmittel. In der Chemotherapie basiert die wichtige Gruppe der Sulfonamide auf der Sulfonierungsreaktion. Unter den Abwandlungsreaktionen der Sulfonsäuregruppe steht das Abschmelzen mit Ätznatron an erster Stelle, aber auch Sulfinsäuren und Merkaptane werden aus Sulfonsäurederivaten hergestellt. Schließlich besitzt der Sulfonsäurerest Bedeutung, um gewisse Positionen an Aromaten zu blockieren und Substituenten in weniger bevorzugte Stellungen einzuführen, wovon man auch in der Technik Gebrauch macht.

Auch die Sulfonierung ist eine elektrophile Substitution des Aromaten. Sie läßt sich mit Reagenzien ausführen, die das Kation $^{\oplus}SO_3H$ oder das monomere SO_3 enthalten oder durch Heterolyse freisetzen können, also konzentrierte Schwefelsäure, Oleum oder Chlorsulfonsäure. Im Falle der

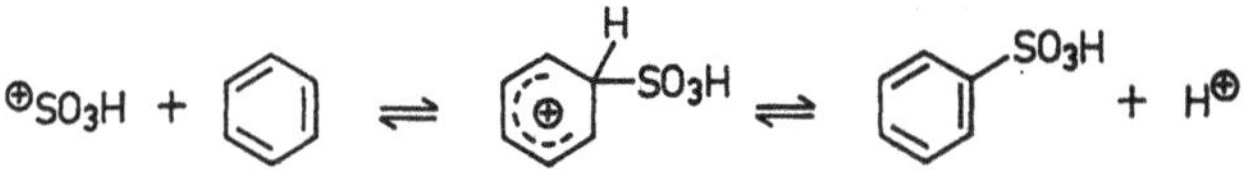

Schwefelsäure verläuft die Sulfonierung unter Abspaltung von Wasser, das zur Erzielung eines vollständigen Umsatzes entfernt werden muß, da die Sulfonierung im Gegensatz zur Nitrierung eine Gleichgewichtsreaktion ist. Die Bindung des Wassers wird meistens von dem freien SO_3 des Oleums übernommen; manchmal destilliert man auch das Wasser mit einem Schleppmittel ab.

Die Zwischenstufe der Sulfonierung entspricht dem Pentadienylkation der Nitrierung, so daß gleichartige Substituenteneffekte auf Reaktionsgeschwindigkeit und Eintrittsort des elektrophilen Reagenzes zu erwarten sind. Tatsächlich findet man qualitativ gleiche,aber schwächere Substituenteneffekte als bei der Nitrierung. Für Benzen, Toluen, m-Xylen, Chlorbenzen und Nitrobenzen betragen die relativen Geschwindigkeiten 1, 5,1, 7,5, 0,68 und 0,016. Die Geschwindigkeiten liegen also in einem Bereich von drei Zehnerpotenzen, während die Geschwindigkeiten der Nitrierung sich in Abhängigkeit von den gleichen Substituenten auf fast acht Zehnerpotenzen verteilen. Die o-p-beziehungsweise m-dirigierende Wirkung von Substituenten ist bei der Sulfonierung ebenso ausgeprägt wie bei der Nitrierung. Toluen liefert o-, m- und p-Toluensulfonsäure im Verhältnis 5:1:19,4, eine Nitrogruppe im Benzen dirigiert zu 98% nach der m-Stellung, eine Sulfogruppe zu 95%, während die Halogenbenzene zu 100% in p-Stellung sulfoniert werden.

Die Sulfonierung ist reversibel. Während man es einerseits in der Hand hat, durch Säureüberschuß, Abfangen oder Abtrennung des gebildeten Wassers die Sulfonierung weitgehend vollständig ablaufen zu lassen, kann man andererseits in verdünnterer Schwefelsäure eine quantitative Desulfonierung erreichen. Man macht davon beispielsweise Gebrauch, um eine o-Bromierung des Phenols zu erreichen. p-Phenol-sulfonsäure wird zur 2.6-Dibromverbindung bromiert, aus der man anschließend hydrolytisch die SO_3H-Gruppe abspaltet.

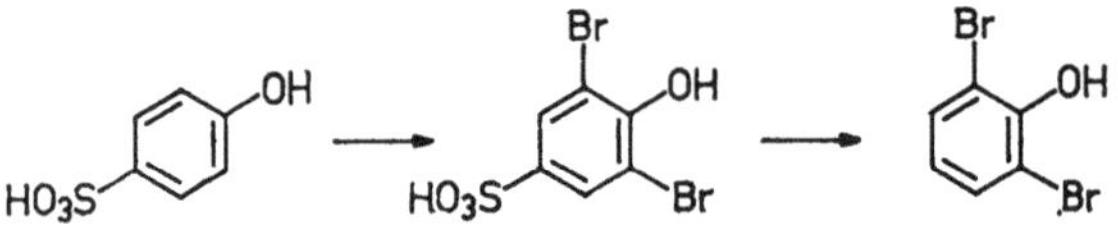

Es wurde frühzeitig erkannt, daß Substituenten, die die Einführung der Sulfogruppe erleichtern, auch deren Abspaltung begünstigen. Man hat davon früher in der Technik Gebrauch gemacht, um m- und p-Xylen zu trennen. m-Xylen wird einerseits schneller sulfoniert, da die Substituenteneffekte beider Methylgruppen im gleichen Sinne wirken, andererseits ließ sich die m-Xylensulfonsäure nach Abtrennung des p-Xylens leicht desulfonieren.

Da die Sulfonierung reversibel ist, können unter Sulfonierungsbedingungen Verschiebungen bereits vorhandener Sulfogruppen erfolgen. Beispielsweise erleidet Toluen-2.4-disulfonsäure in Schwefelsäure bei 190 °C weitgehende Isomerisierung zur Toluen-3.5-disulfonsäure. Es wandern also beide Sulfogruppen, wahrscheinlich durch Abspaltung und Wiedereintritt.

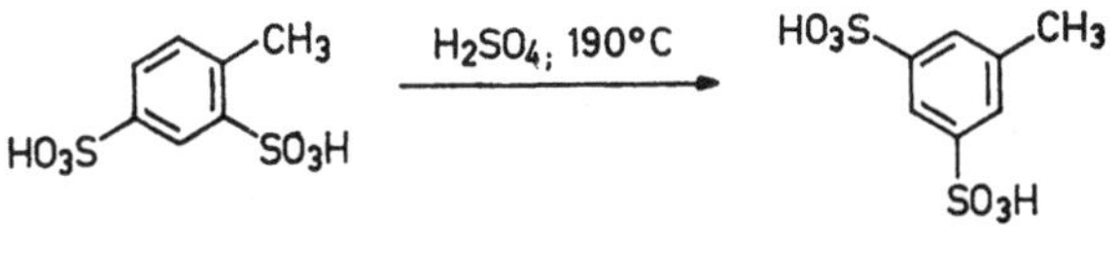

Die bevorzugte Plazierung beider Sulfogruppen in m-Stellung widerspricht den gängigen Substitutionsregeln. Diese Regeln gelten aber für den kinetisch kontrollierten Ersteintritt von Substituenten. Da, wie bereits angedeutet, Eintritt und Austritt der Sulfogruppe von Substituenten gleichsinnig beeinflußt werden, muß die Gleichgewichtslage wenig abhängig vom Substituenten sein, da sie durch das Verhältnis der Geschwindigkeiten von Hin- und Rückreaktion bestimmt wird. Für die nach vielen Hin- und Rückreaktionsschritten thermodynamisch kontrollierte Plazierung der Sulfogruppen ist dann möglicherweise die räumliche Situation bestimmend, die für ein 1.3.5-trisubstituiertes Benzenderivat günstiger sein dürfte als für das Ausgangsprodukt mit einer 1.2-Disubstitution.

Die Sulfonierung wird bei größeren Produkten heute kontinuierlich durchgeführt, bei einer großen Zahl von speziellen Zwischenprodukten aber auch heute noch diskontinuierlich. Man gibt den Aromaten in das Sulfonierungsmittel, meistens konzentrierte Schwefelsäure, 20- oder 65-prozentiges Oleum, zur Erzeugung von Arylsulfochloriden auch Chlorsulfonsäure. Nach beendeter Reaktion wird mit Wasser verdünnt und mit Wasserdampf unverändertes Ausgangsmaterial entfernt. Zur Isolierung nutzt man entweder die in einigen Fällen geringe Löslichkeit der Sulfonsäure in Wasser aus, manchmal die Schwerlöslichkeit von Salzen. Wenn auch die Salze leicht wasserlöslich sind, fällt man überschüssige Schwefelsäure als Calciumsulfat aus und dampft die Lösungen nach Filtration ein.

Die einfachste aromatische Sulfonsäure, die Benzensulfonsäure, hat viel von ihrer Bedeutung eingebüßt, da die Phenolgewinnung durch Abschmelzen von wirtschaftlicheren Phenolsynthesen abgelöst wurde. Die Säure dient heute als saurer Katalysator, das Natriumsalz zum Einstellen von Farbstoffen.

Als Zwischenprodukt wichtiger ist das Benzensulfochlorid, das man aus Benzen und Chlorsulfonsäure herstellt. Es dient zur Gewinnung der Ester, von denen beispielsweise Methyl- und Ethylester als Alkylierungsmittel eingesetzt werden, chlorhaltige Phenylester als Acaricide. Die N-Chlorderivate des Benzensulfonamids sind ebenso wie entsprechende Verbindungen des p-Toluensulfonamids (Chloramin B, Chloramin T) stabile Träger aktiven Chlors. Sie werden als Bleichmittel, Antiseptika und Desinfektionsmittel eingesetzt. N-Alkyl-benzensulfonamide, beispielsweise die N-Methyl- und die N-Butylverbindung, werden als Weichmacher verwendet, Benzensulfonsäurehydrazid als Quelle für gasförmigen Stickstoff in der Erzeugung von Schaumstoffen.

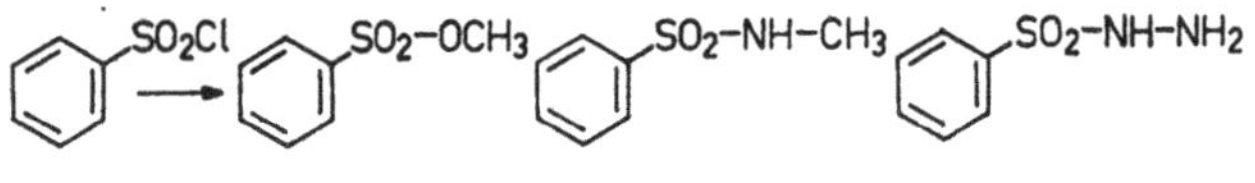

Von den beiden bei der Umsetzung von Toluen mit Chlorsulfonsäure entstehenden Isomeren ist die o-Verbindung Ausgangsprodukt für den Süßstoff Saccharin®; er entsteht durch Permanganatoxydation des o-Toluensulfonamids in einem seit 100 Jahren fast unverändert betriebenen Prozeß. Den Zwangsanfall an p-Sulfonierungsprodukt fängt man beispielsweise durch Produktion der bereits erwähnten N-Chlorverbindungen auf.

Für saure Ionenaustauscher benötigt man 4-Vinylbenzensulfonsäure. Man gewinnt sie durch Sulfonierung von β-Phenylethylbromid mit SO_3 und anschließende HBr-Abspaltung.

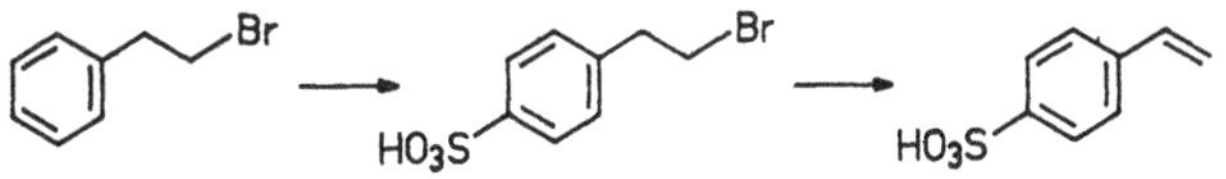

Die ungesättigte Sulfonsäure verwendet man auch zur Einpolymerisation in Polyacrylnitril, um dessen Anfärbbarkeit zu verbessern.

Bei der Sulfonierung des Chlorbenzens bedient man sich der Möglichkeit, das Reaktionswasser auszukreisen. Als Schleppmittel dient das Chlorbenzen selbst. Ester und Amide der p-Chlorbenzensulfonsäure, der 2.5-Di- und der 2.4.5-Trisulfonsäure werden als Pflanzenschutzmittel verwendet.

Für die Sulfonierung des Anilins mit Schwefelsäure ist eine spezielle Technologie nötig, da die Komponenten zunächst ein Salz bilden. Es wird in einem sogenannten Backprozeß bei 200—250 °C in die Sulfonsäure umgewandelt. Das Reaktionsprodukt, die Sulfanilsäure (4-Aminobenzensulfonsäure), spielte und spielt eine wichtige Rolle als Farbstoffzwischenprodukt, für die Sulfonamide, beispielsweise für das Prontosil®, den ersten Vertreter der Reihe, und das Sulfaguanidin®.

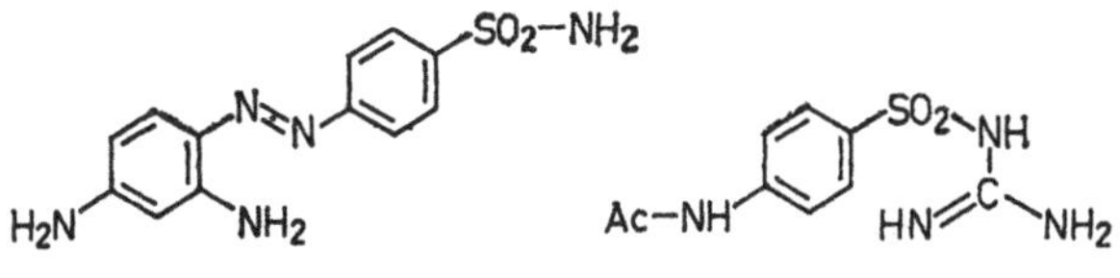

Eine große Zahl von Farbstoffzwischenprodukten wird durch successive Sulfonierung, Nitrierung und Folgereaktionen hergestellt, wobei die Reihenfolge Sulfonierung-Nitrierung üblich ist. Es werden tri-, tetra- und sogar pentasubstituierte Verbindungen hergestellt, beispielsweise die Aminobenzen-2.5-disulfonsäure durch Sulfonierung der Metanilsäure. Triazinderivate dieser Disulfonsäure sind Zwischenprodukte für optische Aufheller.

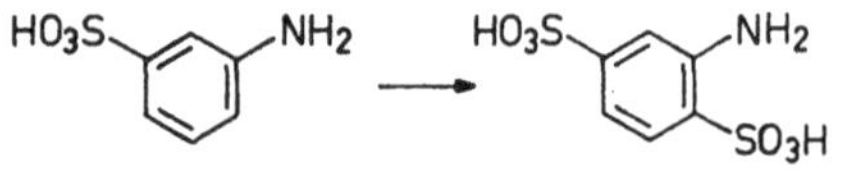

Ein großes Zwischenprodukt, aus dem schwarze Farbstoffe hergestellt werden, ist die 3-Amino-5-chlor-2-hydroxy-benzensulfonsäure, die aus p-Chlorphenol durch Sulfonierung, Nitrierung und Reduktion hergestellt wird.

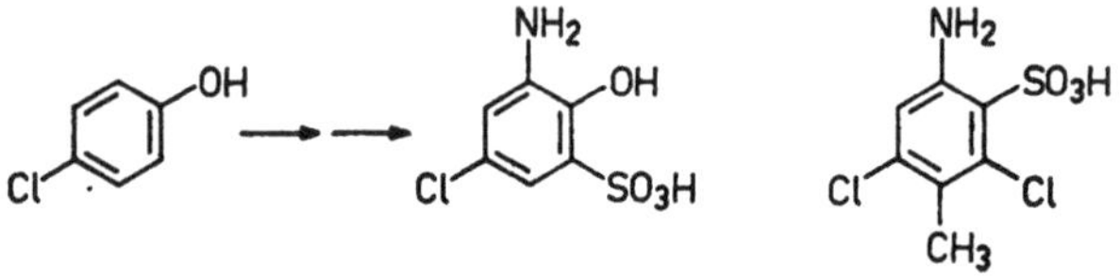

Ein fünffach substituiertes Zwischenprodukt wird aus 2.6-Dichlortoluen durch Sulfonierung, Nitrierung und Reduktion gewonnen.

Besonders wichtig für die Gewinnung von Zwischenprodukten der Farbenindustrie sind die Sulfonsäuren des Naphthalens. Erste Stufe ist immer die Sulfonierung des Naphthalens; die Einführung der weiteren benötigten Gruppen, insbesondere Hydroxy- und Aminogruppen, erfolgt in anschließenden Reaktionsstufen. Die Sulfonierung des Naphthalens wurde daher schon frühzeitig eingehend untersucht.

Bevorzugter Eintrittsort der ersten Sulfogruppe ist die 1-Stellung. Man erhält die Naphthalen-1-sulfonsäure als Hauptprodukt einer Sulfonierung bei 20—50 °C. Auch in der Naphthalenreihe gehen Sulfonierungstendenz und Desulfonierungstendenz parallel, so daß man allgemein mit einer leichten Abspaltung von 1-ständigen Sulfogruppen durch saure Hydrolyse rechnen kann, was zu Strukturbestimmungen ausgenutzt wurde. Bei höherer Temperatur setzt sich die 1-Sulfonsäure mit der 2-Sulfonsäure ins Gleichgewicht, das bei 160 °C bei 15 Teilen 1- und 85 Teilen 2-Sulfonsäure liegt. Bei dieser Temperatur führt man auch die technische Sulfonierung durch, wenn die Naphthalen-2-sulfonsäure als Hauptprodukt gewünscht wird.

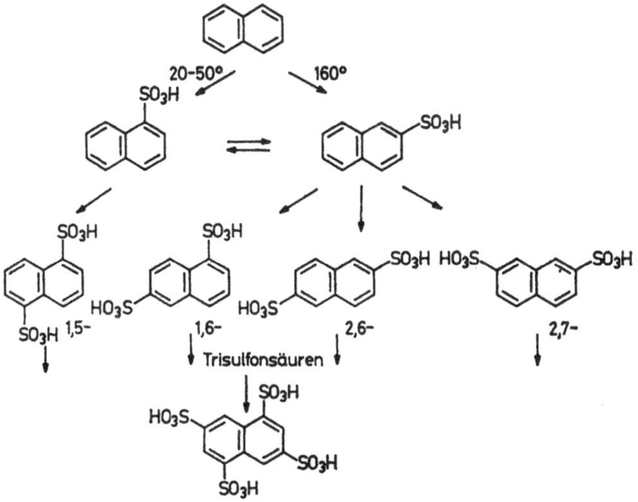

Die Weitersulfonierung erfolgt grundsätzlich im noch unsubstituierten Kern. Von den sechs in Sulfonierungsgemischen auftretenden Disulfonsäuren werden die vier im Formelschema aufgeführten Verbindungen technisch hergestellt. Eine weitere Sulfonierung, die technisch keine Bedeutung mehr hat, führt zu Trisulfonsäuren und schließlich zur Naphthalen-1.3.5.7-tetrasulfonsäure.

Die Naphthalensulfonsäuren sind weder Finalprodukte noch unmittelbare Bausteine für Farbstoffe, sondern werden durchweg chemisch weiter abgewandelt. Für viele Weiterverarbeitungen ist eine Isolierung nicht nötig, vor allem für nachfolgende Nitrierungen. In einigen Fällen arbeitet man sogar mit ungetrennten Isomerengemischen weiter.

Man überführt die Naphthalen-disulfonsäuren einerseits durch Abschmelzen in Dihydroxy-naphthalene und durch partielles Abschmelzen in Hydroxynaphthalensulfonsäuren. Andererseits wandelt man sowohl die Disulfonsäuren als auch die Naphtholsulfonsäuren durch Nitrierung und Reduktion, gegebenenfalls durch weitere

Reaktionsschritte wie die BUCHERER-Reaktion in neue Zwischenprodukte wie Naphthylamin-disulfonsäuren, Naphthol-disulfonsäuren und Aminonaphthol-sulfonsäuren um.

Naphthalen-2-sulfonsäure ist Zwischenprodukt für synthetische Gerbstoffe. Isopropylnaphthalen-sulfonsäure, für deren Herstellung man von einem Gemisch von 1- und 2-Isopropylnaphthalen ausgeht, ist das Netzmittel Nekal®.

3.2.1.3. Halogenierung

3.2.1.3.1. Chlorierung

Unter den Kernhalogenierungen ist die Chlorierung neben Nitrierung und Sulfonierung eine der wichtigen Funktionalisierungen von Aromaten. Die Chlorierung steht meistens am Anfang mehrstufiger Funktionalisierungen; in späteren Reaktionsschritten wird das Chlor dann oft gegen andere Substituenten ausgetauscht, insbesondere, wenn es durch Kernnitrierung beweglich geworden ist. Der auf der Chlorbenzennitrierung fußende Stammbaum enthält viele wichtige Zwischenprodukte. In den letzten Jahrzehnten hat die Menge der Finalprodukte, die das aromatisch gebundene Chlor noch enthalten, stark zugenommen, da beispielsweise Chlorbenzen als Lösungsmittel verwendet wird und vor allem viele Pflanzenschutzmittel kernständiges Chlor enthalten.

Chlorierungsmittel praktisch aller industriellen Chlorierungen ist das molekulare Chlor, das gasförmig, in einigen Fällen auch in flüssiger Form, dem Substrat oder seiner Lösung zugeführt wird. Nach der Gleichung

$$Ar{-}H + Cl_2 \rightarrow Ar{-}Cl + HCl$$

wird ein H-Atom des Aromaten durch Chlor ersetzt und ein Molekül HCl gebildet. Es muß meistens als Nebenprodukt in Kauf genommen werden und, in der Regel nach Absorption in Wasser, einer weiteren Verwendung zugeführt werden. In dem Oxychlorierungsprozeß zur Chlorbenzengewinnung vermeidet man den Anfall von HCl, indem man Chlorierung und Oxydation von HCl mittels Sauerstoff in einem Arbeitsgang durchführt.

Aromaten, die nicht wie Phenole oder Arylamine überdurchschnittlich reaktiv sind, benötigen für eine Kernchlorierung einen Katalysator. Hierfür werden Eisenchlorid, Aluminiumchlorid, in einigen Fällen auch Chloride des Antimons oder des Schwefels verwendet.

Während ein Atom des Halogenmoleküls den Aromaten elektrophil angreift, wird das andere Atom von dem Katalysator, einer LEWIS-SÄURE, komplexiert. Geschwindigkeitsbestimmend ist wieder die Bildung eines Pentadienylkations.

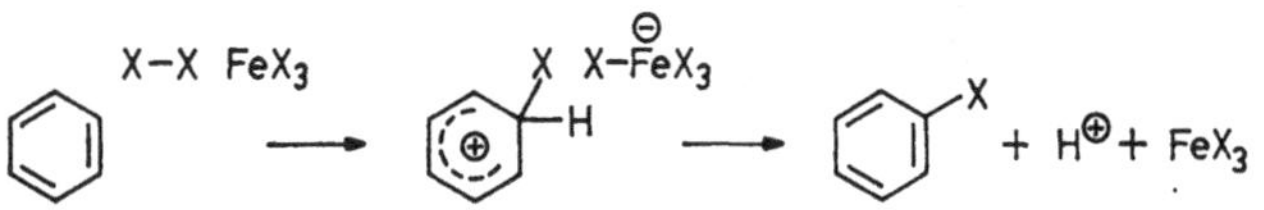

Die mechanistische Ähnlichkeit mit Nitrierung und Sulfonierung macht es verständlich, daß bei Kernhalogenierungen die gleichen Effekte von Substituenten auf Reaktionsgeschwindigkeit und Eintrittsort des Reagenzes beobachtet werden: In Gegenwart von Eisenchlorid wird Toluen 345-mal, m-Xylen 190000-mal schneller chloriert als Benzen. Die Chlorierung des Chlorbenzens geht um den Faktor 7 langsamer als die Chlorierung des Benzens. Die dirigierende Wirkung von Substituenten auf den Eintrittsort des Chlors erkennt man aus folgenden Isomerenverhältnissen: Toluen gibt 75% o- neben 23% p-Chlorierung, Chlorbenzen 36% o- neben 62% p-Chlorierung, Phenol je 50% o- und p-Produkt. In den drei genannten Fällen von typischen o-p-dirigierenden Substituenten übersteigt also die Chlorierung in m-Stellung nicht 2%. Die typisch m-dirigierende Nitrogruppe gibt im Falle des Nitrobenzens 81% m-Chlorierung.

Die aus dem Substitutionsverhältnis erkennbaren Regeln gelten für den kinetisch kontrollierten Ersteintritt des Chlors. Unter Gleichgewichtsbedingungen können erhebliche Abweichungen eintreten: Eine Mischung von o- und p-Dichlorbenzen bildet bei 200 °C in Gegenwart von Aluminiumchlorid eine Mischung, die ca. 50% m-Verbindung enthält, was man technisch zur Gewinnung von 1.3-Dichlorbenzen ausnützt.

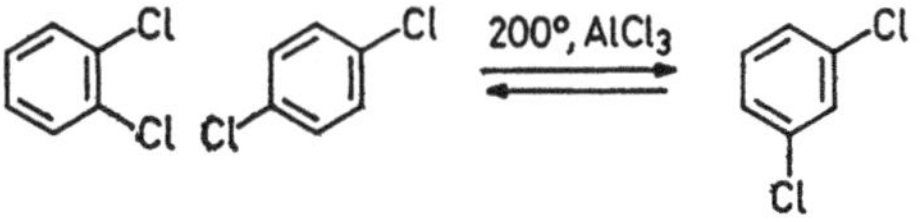

Die o-p-dirigierende Wirkung kernständigen Chlors läßt recht gut den weiteren Verlauf der Benzenchlorierung verstehen, die sich bis zum Hexachlorbenzen treiben läßt.

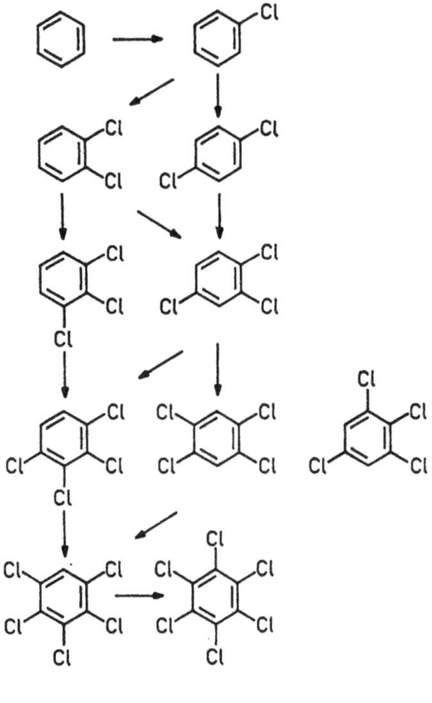

Von den drei möglichen Trichlorbenzenen können, wie man sich anhand der Abbildung leicht überzeugt, nur 1.2.3- und 1.2.4-Trichlorbenzen entstehen. Unter den Tetrachlorbenzenen wird die 1.2.3.5-Verbindung nicht gebildet, da der Eintrittsort des vierten Chlors zu zwei bereits vorhandenen Chloratomen m-ständig wäre.

Alle entsprechend der Abbildung zugänglichen Chlorbenzene werden in der Technik verwendet. Chlorbenzen und 1.2-Dichlorbenzen werden als Lösungsmittel eingesetzt, 1.4-Dichlorbenzen als Mottenpulver und als Geruchsüberdecker. Ihre Hauptbedeutung haben sie aber als Zwischenprodukte, insbesondere nach weiteren Operationen als Bausteine für Farbstoffe, Pflanzenschutzmittel und Pharmaka. Dazu wird beispielsweise nach einer Mono- und Dinitrierung Chlor gegen Nucleophile ausgetauscht; bei den höherchlorierten Verbindungen führt man partielle Substitution von Chlor gegen Hydroxyl durch, die hier unter milderen Bedingungen verläuft als die Überführung von Chlorbenzen in Phenol. Die partielle Substitution des 1.2.4.5-Tetrachlorbenzens bei 180 °C liefert 2.4.5-Trichlorphenol. Dieses ist wichtig für Farbstoffe und das Bakterizid Hexachlorophen®, Bestandteil der meisten Desodorantien. Wegen der Gefahr der Bildung des hochtoxischen Dioxins ist die Herstellung des 2.4.5-Trichlorphenols problematisch geworden.

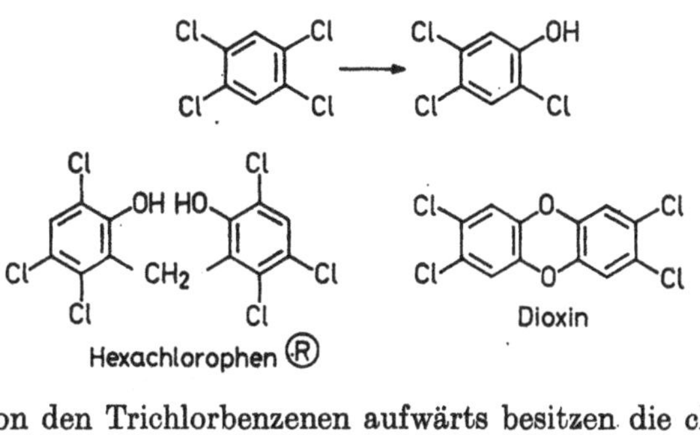

Von den Trichlorbenzenen aufwärts besitzen die chlorierten Benzene Bedeutung als Flammschutzmittel. Pentachlorbenzen wird zum Pentachlor-nitrobenzen, einem Fungicid, nitriert.

Die Kernchlorierung des Toluens wird technisch bis zur Einführung von drei Chloratomen geführt. Die Monochlorierung liefert 2- und 4-Chlortoluen, deren Mengenverhältnis vom Katalysator und der Reaktionstemperatur abhängt. Zur Gewinnung definierter Dichlortoluene muß von formelreinen Chlortoluenen ausgegangen werden, um trennbare Gemische zu erhalten. Trichlortoluene werden oft als Gemisch weiterverarbeitet.

Chlortoluene lassen sich mit starken Alkalien in Kresole überführen. Einheitliche Chlortoluene geben dabei Kresolgemische, da wahrscheinlich ein Arin-mechanismus vorliegt. Man setzt daher Chlortoluengemische in die Reaktion ein.

Kernchlorierte Derivate des Benzylchlorids, des Benzaldehyds und der Benzoesäure, die aus den entsprechenden Chlortoluenen erhalten werden, spielten bereits als Farbstoffzwischenprodukte eine Rolle. Sie sind heute Bausteine verschiedener Pflanzenschutzmittel, von denen nachstehend einige aufgeführt sind.

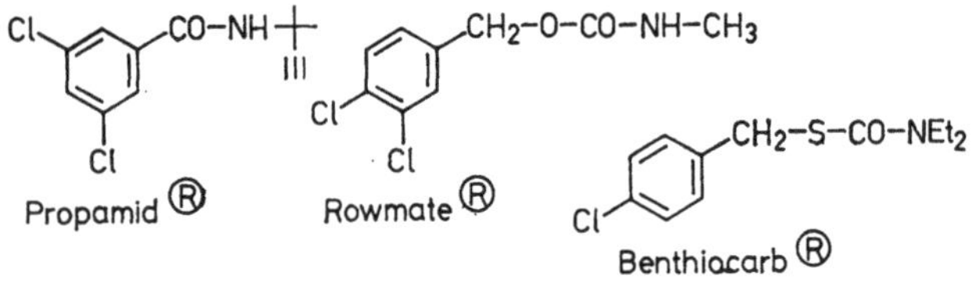

Das sowohl auf dem Farbstoff- als auch auf dem Pflanzenschutzmittelgebiet interessante 2.6-Dichlortoluen ist durch Chlorierung nicht zugänglich und muß durch SANDMEYER-Reaktion hergestellt werden.

Chlorphenole lassen sich leicht durch Chlorierung von Phenolen herstellen. Die durch den dirigierenden Effekt der Hydroxylgruppe in o- und p-Stellung begrenzte Palette von Chlorphenolen wird durch weitere Vertreter ergänzt, die durch die bereits erwähnte partielle Alkalihydrolyse von Chloraromaten herstellbar sind. Chlorphenole sind wichtige Zwischenprodukte. Beispielsweise gehören die 2.4-Dichlor-phenoxyessigsäure und das analoge Propionsäurederivat A zu den mengenmäßig größten Pflanzenschutzmitteln. Sie werden zusammen mit der entsprechenden 2.4.5-Trichlorverbindung B und einigen weiteren Verbindungen in mehreren 10000 Jato erzeugt und vor allem als selektive Unkrautvertilgungsmittel verwendet. Die Chlorphenole selbst besitzen ebenso wie einige Chlorkresole fungicide und bactericide Wirkung.

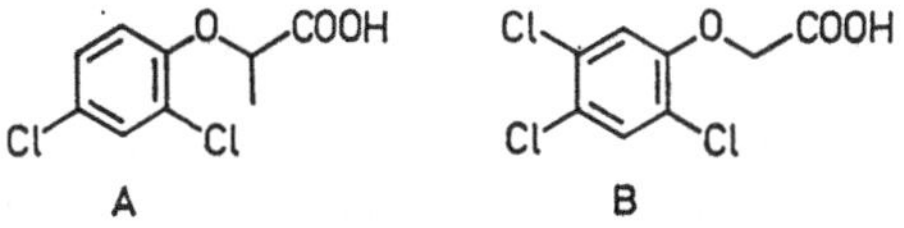

Die Chlorierung des Phenols läuft unkatalysiert ab. Bei der ersten Chlorierungsstufe ist die o-Position etwas bevorzugt. Es lassen sich sogar Bedingungen finden, unter denen das o-Chlorphenol fast ausschließlich entsteht, beispielsweise mit wäßriger Hypochloritlösung. 2.4-Dichlorphenol ist Hauptprodukt der Zweifachchlorierung des Phenols; daneben entsteht aus dem 2-Chlorphenol etwas 2.6-Dichlorphenol. Endprodukt der unkatalysierten Chlo-

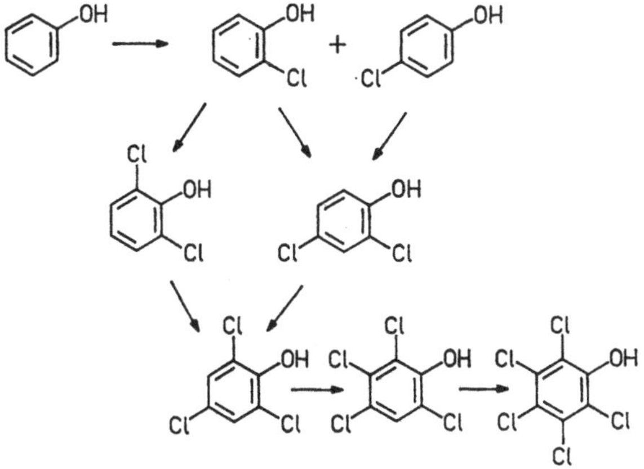

rierung ist das 2.4.6-Trichlorphenol. Eine Weiterchlorierung zum Tetra- und Pentachlorphenol ist in Gegenwart von Aluminiumchlorid möglich; beide Phenole dienen als Holzschutzmittel.

3.2.1.3.2. Fluorierung, Bromierung, Iodierung

Fluor-, Brom- und Iodaromaten spielen als Zwischenprodukte eine begrenzte Rolle; mengenmäßig sind sie mit den Chloraromaten nicht zu vergleichen. Eine direkte Fluorierung von Aromaten ist wegen der geringen Selektivität des hochreaktiven Fluors nicht durchführbar. Man stellt daher Fluoraromaten, die in der Synthese biologisch aktiver Verbindungen einige Bedeutung besitzen, durch Zersetzung von Diazoniumsalzen in Fluorwasserstoffsäure her, oder man tauscht reaktives Chlor gegen Fluor aus, beispielsweise im p-Nitrochlorbenzen.

Bromhaltige Aromaten gewinnen für Flammschutzmittel, Desinfektionsmittel und Schädlingsbekämpfungsmittel an Bedeutung. Die Bromierung von Benzen, Phenolen oder aromatischen Ethern erfolgt mit molekularem Brom, wobei die Umsetzung bei weniger reaktiven Aromaten wie Benzen durch Eisen katalysiert werden muß. Industriell hergestellt werden beispielsweise p-Bromanisol, 2.4.6-Tribromphenol und das als Flammschutzmittel wichtige Hexabrombenzen.

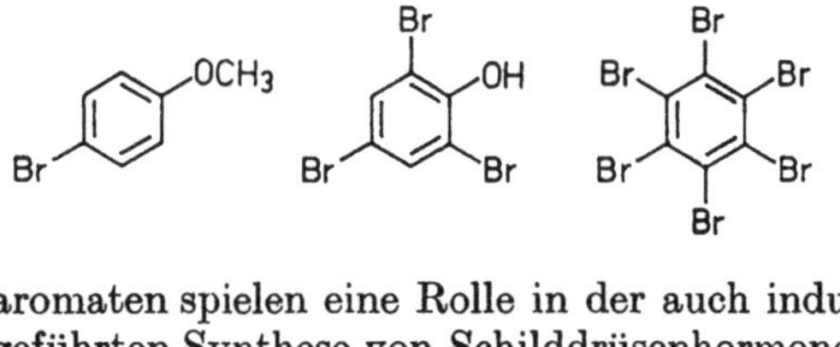

Iodaromaten spielen eine Rolle in der auch industriell durchgeführten Synthese von Schilddrüsenhormonen wie Thyroxin, vor allem in Röntgenkontrastmitteln, in denen meistens mehrfach iodierte Abkömmlinge der m-Aminobenzoesäure vorliegen.

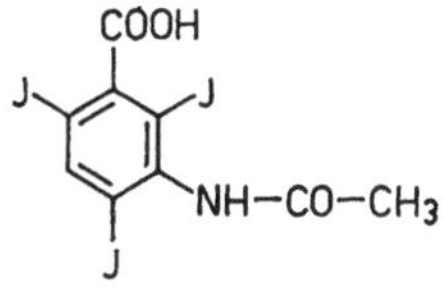

Acetrizoesäure ®

Zur Einführung von Iod in Aromaten arbeitet man mit Iod und einem Oxydationsmittel wie Chlor, Wasserstoffperoxid oder Salpetersäure. Dadurch soll nicht nur das bei der Iodierung gebildete HI rückoxydiert und damit das eingesetzte Iod vollständig verwertet werden, sondern man macht sich auch die höhere Elektrophilie von Zwischenverbindungen mit elektropositivem Iod zunutze, beispielsweise beim Arbeiten mit Chlor die des Iodmonochlorids.

$$I_2 + Cl_2 \rightarrow 2\,I{-}Cl \xrightarrow{2\,Ar{-}H} 2\,Ar{-}I + 2\,HCl$$

Die auch heute noch in Lehrbüchern anzutreffende Version, daß Iod Aromaten zu einem Gleichgewicht substituiert, das durch Wegoxydieren des gebildeten HI auf die Seite des Iodaromaten verschoben wird, ist unzutreffend. Bereits Kekulé wies darauf hin, daß Iodbenzen durch HI erst unter sehr scharfen Bedingungen entiodiert wird.

3.2.1.4. Weitere elektrophile Substitutionen von Aromaten

Einige technisch bedeutende Reaktionen wie Friedel-Crafts-Alkylierungen und -Acylierungen, die Azokupplung und die Nitrosierungsreaktion verlaufen ebenfalls mechanistisch als elektrophile Substitutionen. Großprozesse wie die Herstellung des für die Styrenfabrikation benötigten Ethylbenzens aus Benzen und Ethylen und die Herstellung von Cumen aus Benzen und Propen sind an anderer Stelle besprochen. Solche Aromatenalkylierungen werden durch Einwirkung kationbildender alkylierender Systeme auf Aromaten vorgenommen. Entweder werden

Alkylhalogenide in Gegenwart von LEWIS-Säuren, oder, was die Methode der Wahl für technische Prozesse ist, Olefine mit LEWIS-Säuren zur Anwendung gebracht. Im letzteren Fall geht ein Proton in das alkylierende System ein, das bei der elektrophilen Substitution wieder freigesetzt wird.

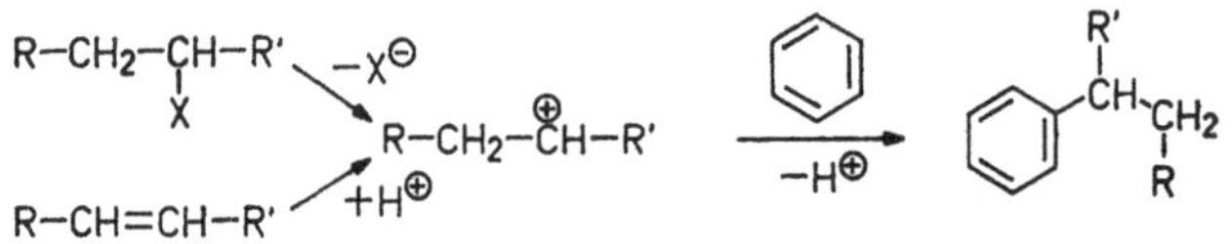

Die Einordnung als elektrophile Substitution läßt wieder die gleichen dirigierenden Substituenteneffekte und analoge Einflüsse auf die Reaktionsgeschwindigkeit erwarten wie bei den voranstehend besprochenen Reaktionen. Charakteristisch für die Alkylierungen ist, daß die eingetretenen Alkylgruppen reaktionsfördernd wirken, so daß eine große Tendenz zur Mehrfachalkylierung besteht. Benzen läßt sich bis zum Hexamethylbenzen methylieren. Da die Alkylierungen reversibel sind, sind Umalkylierungen am Kern häufig. Beispielsweise gibt die weitere Isopropylierung von Cumen zunächst überwiegend 1.4-Diisopropylbenzen, dann 1.3.5-Triisopropylbenzen.

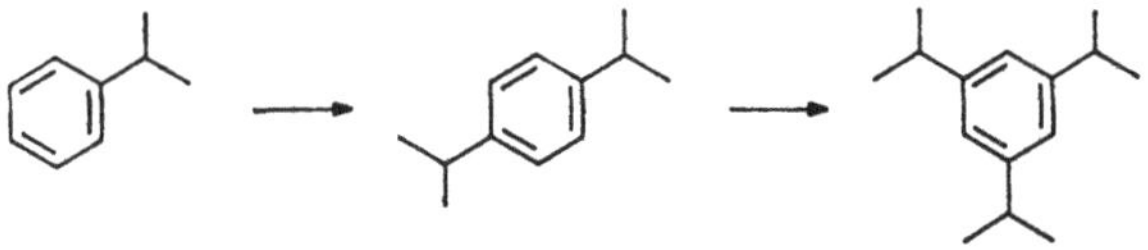

Die Reaktion der Alkylierungskomponente über ein weitgehend realisiertes Kation bringt die Gefahr von WAGNER-MEERWEIN-Umlagerungen, die tatsächlich häufig beobachtet werden.

In der Technik verwendet man als Katalysator Aluminiumchlorid, Eisenchlorid oder starke anorganische Säuren. Für größere Prozesse ist man zu sauren Trägerkontakten übergegangen.

Von Bedeutung ist beispielsweise die Alkylierung des Benzens mit Olefinen der Kettenlängen C-11 bis C-14 in Gegenwart von Flußsäure. Die Alkylierungsprodukte sind Zwischenprodukte für den Tensidsektor. Ebenfalls mit einer Aromatenalkylierung beginnt die Herstellung der sogenannten Nekale®, bei der Naphthalen isopropyliert und anschließend sulfoniert wird. Auch die Alkylierung des Phenols mit C—9- und C—12-Olefinen spielt für die Tensiderzeugung eine Rolle. Die Einführung von Cyclohexylresten in aromatische Zwischenprodukte der Farbenherstellung mittels Cyclohexen dient dazu, die Produkte fettlöslich zu machen. Weitere technisch wichtige Alkylierungen sind die katalytische Methylierung von Phenol zu Kresolen und die tert.-Butylierung von p-Kresol zum 2.6-Di-tert.-butyl-p-kresol, das als phenolischer Inhibitor für unerwünschte Radikalprozesse wie Autoxydationen dient.

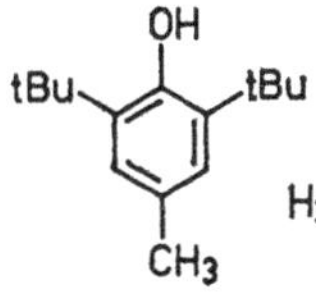

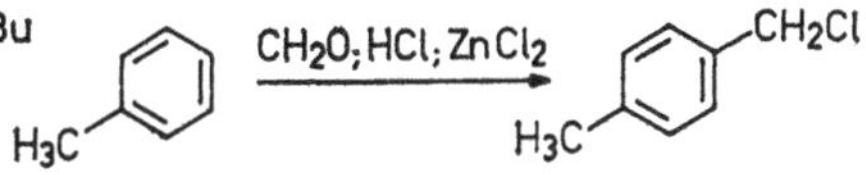

Eng verwandt mit den Alkylierungen sind Prozesse bei denen Kohlenstoffbindungen zum Aromaten geknüpft werden, das Reagenz sich aber auf einer höheren Oxydationsstufe befindet: Elektrophile Substitutionen durch Aldehyde, Carbonsäurederivate und Derivate des Kohlendioxids. Auch hier ist die Katalyse durch Lewis-Säuren charakteristisch.

Beispielsweise überführt die gemeinsame Einwirkung von Formaldehyd und Salzsäure Aromaten in Chlormethylierungsprodukte. Katalysator ist meistens Zinkchlorid. Toluen gibt p-Tolylmethylchlorid, das einmal als Zwischenprodukt für die Terephthalsäureherstellung in der Diskussion war.

Die Kondensation von Chlorbenzen mit Chloral zu dem

bekannten Insecticid DDT® verläuft in Gegenwart von Schwefelsäure oder Oleum.

Elektrophile Substitutionen mit Carbonsäurederivaten in Gegenwart von LEWIS-Säuren sind als FRIEDEL-CRAFTS-Acylierungen lange bekannt. Technisch ausgeführt wird die bereits erwähnte Cyclisierung der o-Benzoyl-benzoesäure zum Anthrachinon. Für Pharmasynthesen werden Seitenketten über die Zwischenstufe der Arylketone angefügt, beispielsweise über Propiophenon bei einer Ephedrinsynthese.

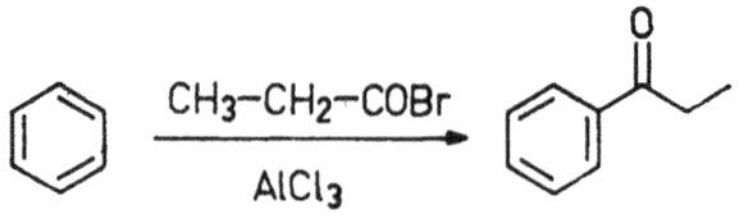

Die als Labormethoden bekannten Aldehydsynthesen aus Aromaten verwendeten Kohlenoxid + HCl oder Blausäure als C—1-Einheit. Grundsätzlich läßt sich auch aus Benzen mit Kohlenoxid Benzaldehyd herstellen; die klassischen Verfahren wie Verseifung von Benzalchlorid oder Oxidation von Toluen sind jedoch nicht abgelöst worden.

Schließlich läßt sich auch die Carboxylfunktion nach FRIEDEL-CRAFTS-ähnlichen Reaktionen einführen, beispielsweise mit dem sogenannten Harnstoffchlorid $H_2N-CO-Cl$.

Durch Hydroxy- oder alkylierte Aminogruppen substituierte Aromaten lassen sich mit salpetriger Säure nitrosieren. Im einfachsten Fall nitrosiert man in wäßriger Lösung mit Nitrit und Säure. Phenol wird ausschließlich in p-Stellung nitrosiert, so daß man erwogen hat, auf dieser Reaktion eine selektive Herstellung von p-Nitrophenol aufzubauen, das für Pflanzenschutzmittel in großen Tonnagen benötigt wird.

Zwischen den Nitrosophenolen und den Chinon-monoximen besteht ein Tautomeriegleichgewicht, das in dem hier formulierten Fall weitgehend auf der Seite des Chinonmonoxims liegt.

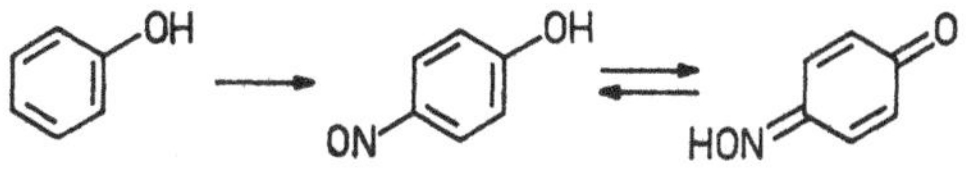

Wichtige Farbstoffzwischenprodukte sind die Nitrosierungsprodukte des Resorcins und des β-Naphthols.

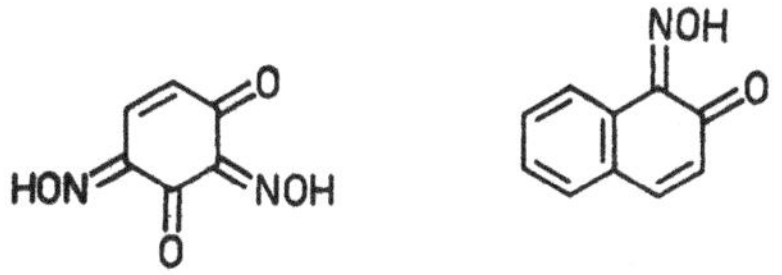

Auch Arylamine werden bereits in wäßriger Lösung nitrosiert. Durch Reduktion entstehen Dialkyl-p-phenylendiamine, die als Farbentwickler in der Photographie und für Pelzfarbstoffe wichtig sind.

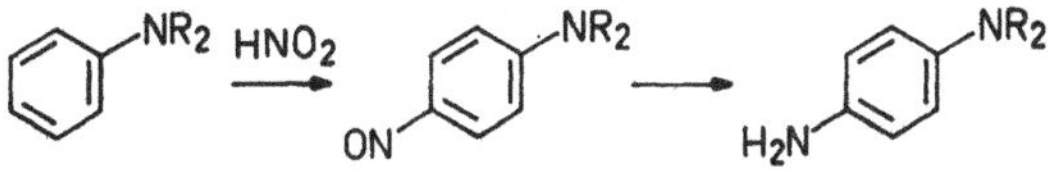

Zu den elektrophilen Substitutionen zählt schließlich auch die Azokupplung. Die Eintrittsstelle der Arylazogruppe folgt den bekannten Substituentenregeln; Kupplungspartner sind Verbindungsklassen, die leicht elektrophil substituiert werden, also vor allem Phenole und Amine.

Da die entstehenden Azofarbstoffe reduktiv verhältnismäßig leicht spaltbar sind, benutzt man Azokupplung mit nachfolgender reduktiver Spaltung gelegentlich zur Herstellung spezieller Zwischenprodukte, beispielsweise, um in die 1-Naphthylamin-5-sulfonsäure eine weitere Aminogruppe einzuführen.

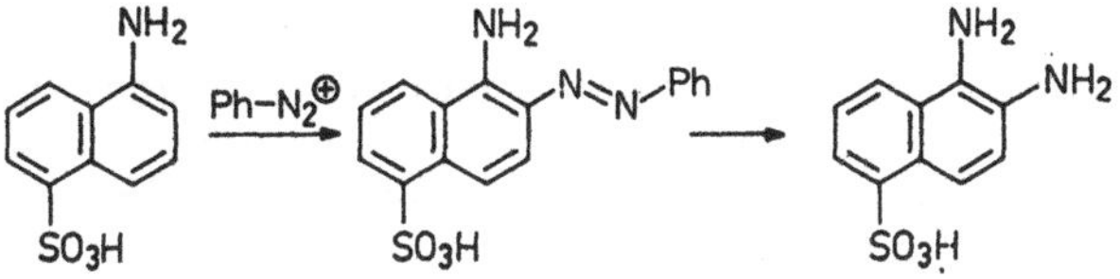

Eine direkte elektrophile Aminierung ist grundsätzlich möglich, beispielsweise mit Hydroxylamin und Aluminiumchlorid. Technisch ist sie noch ohne Bedeutung.

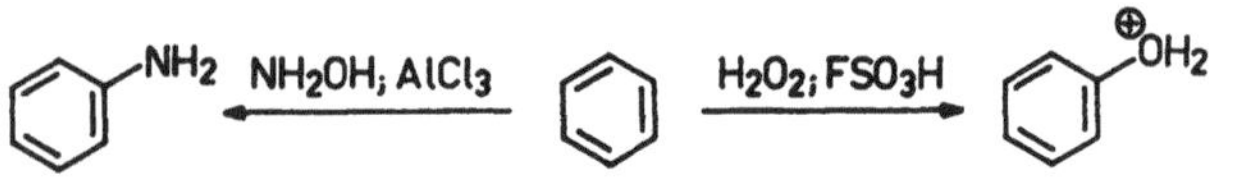

Das gleiche gilt für die direkte elektrophile Hydroxylierung. Sie ist deshalb problematisch, da sie aus einem Aromaten einen sehr viel reaktiveren neuen Aromaten herstellt. Die Reaktion ist kürzlich mit Wasserstoffperoxid und einer sogenannten Supersäure, die das gebildete Phenol durch Protonierung stabilisiert, realisiert worden.

3.2.2. Nucleophile Substitution an Aromaten

Während für den Ersteintritt von Substituenten in die aromatischen Grundkörper die elektrophilen Substitutionen wie Nitrierung und Sulfonierung vorherrschen, erfolgt der Austausch von Substituenten sehr oft durch nucleophile Substitution. Technisch wichtig ist der Ersatz von Chlor durch Amino-, Hydroxy- und Alkoxygruppen, vor allem in nitrierten Chloraromaten, und der Ersatz von Sulfonsäuregruppen durch Hydroxylgruppen. Mechanistisch eigenständig, im Endergebnis aber auch als Substitution durch eine nucleophile Gruppierung, verläuft der wechselseitige Austausch von Amino- und Hydroxygruppen, der über Bisulfitaddukte insbesondere bei Naphthalenderivaten glatt abläuft, die sogenannte BUCHERER-Reaktion. Schließlich lassen sich Anionen in vielen Fällen durch Ersatz der diazotierten Aminogruppe einführen.

3.2.2.1. Austausch von Halogen

Paradebeispiel und zugleich eine der technisch wichtigsten Austauschreaktionen ist der Ersatz von aromatisch gebundenem Chlor in Nitrochlorbenzenen. Während das Halogen im Chlorbenzen sehr fest haftet und erst weit oberhalb 200 °C mit wäßrigen Basen reagiert, steigt die Reaktivität durch Einführung einer o- oder p-ständigen Nitrogruppe um mehrere Zehnerpotenzen. Ähnlich wie die Nitrogruppe wirken andere stark elektronenziehende Substituenten. Beispielsweise wird die Substitution des Chlors durch den Methoxylrest im o-Nitrochlorbenzen

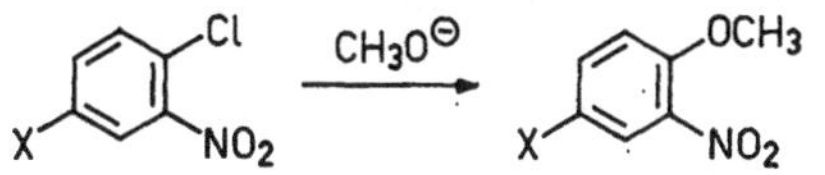

durch eine p-ständige Aldehydgruppe um den Faktor $2 \cdot 10^4$, durch eine p-ständige Nitrilgruppe um den Faktor $3{,}8 \cdot 10^4$, durch die Nitrogruppe um den Faktor $6{,}7 \cdot 10^5$ und durch die Diazoniumgruppe sogar um den Faktor $3{,}8 \cdot 10^8$ beschleunigt. Das ist der zahlenmäßige Ausdruck dafür, daß man Chlor, das durch eine Nitrogruppe aktiviert ist, bereits unterhalb 200 °C zur Reaktion bringen kann, bei Anwesenheit von zwei Nitrogruppen unterhalb 100 °C, und daß bei Diazotierungen p-ständiges Chlor bereits bei Raumtemperatur aus dem Molekül verdrängt werden kann.

Der Ersatz des Chlors durch einen anderen Rest geht über Additionsprodukte. Deren Stabilisierung durch elektronenziehende Gruppen ist der Grund für den leicht erfolgenden Austausch. In einigen Fällen, beispielsweise bei Ethern der Pikrinsäure, sind solche Additionsprodukte isolierbar.

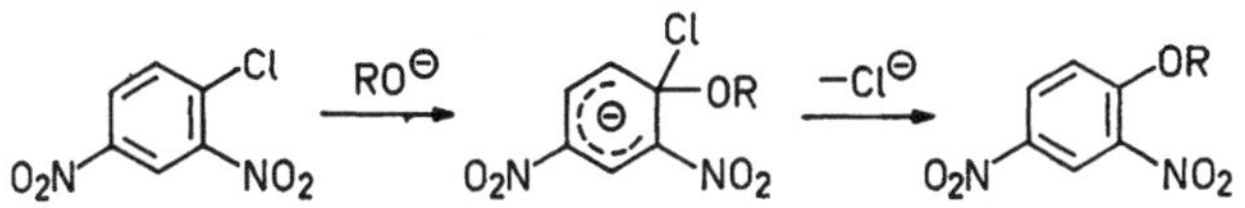

Die Umsetzung von nitrierten Chloraromaten mit Ammoniak wird technisch in großem Maßstab durchgeführt und liefert Nitraniline, die als Farbstoffzwischenprodukte eingesetzt werden. p-Nitrochlorbenzen wird beispielsweise mit 6—12 Mol wäßrigem Ammoniak einige Stunden auf 180 °C erhitzt und gibt das Amin in 99-proz. Ausbeute.

Die ursprünglich diskontinuierliche Arbeitsweise wird heute durch kontinuierliche Prozesse abgelöst.

Die vom p-Nitrochlorbenzen ausgehenden Produktionen haben Tausende von Jato erreicht, da vor allem der Bedarf an p-Nitrophenol sehr stark gestiegen ist. Es geht in insecticide Phosphorsäureester wie Wofatox®. Den in der gleichen Größenordnung liegenden Zwangsanfall von o-Nitrochlorbenzen wandelt man in zunehmender Menge in das Amin um, auf dessen Grundlage größere Produkte wie die systemischen Fungicide mit Benzimidazolstruktur entwickelt wurden.

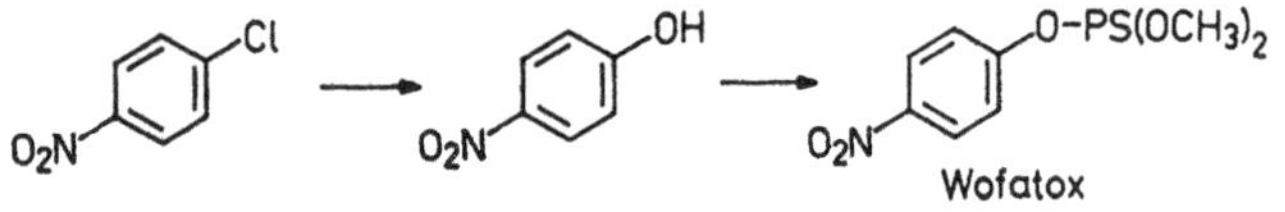

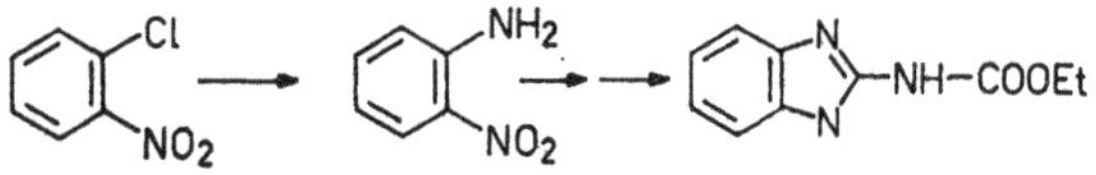

Die strukturellen Voraussetzungen für einen leichten Halogenaustausch sind auch bei Chloranthrachinonen gegeben, die ja eine Carbonylgruppe para-ständig zum Halogen enthalten. So wird beispielsweise 2.3-Dichloranthrachinon mit wäßrigem Ammoniak bei 200 °C in 90-proz. Ausbeute zum 2-Amino-3-chlor-anthrachinon, einem Zwischenprodukt für Indanthrenfarbstoffe, umgesetzt.

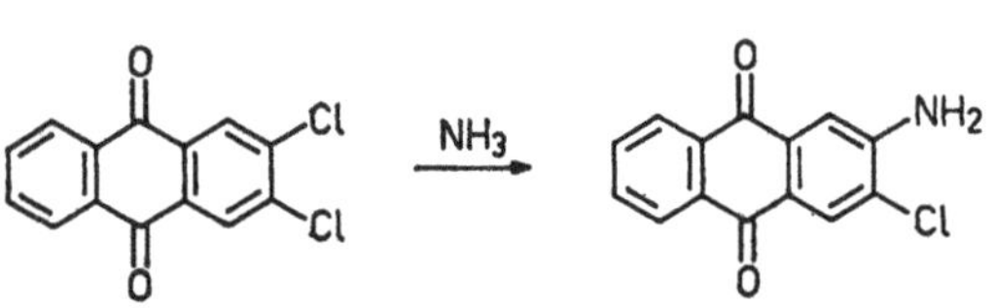

Relativ einfach ist die Umsetzung aktivierter Halogenaromaten mit aromatischen Aminen. Es kann drucklos gearbeitet werden, da die benötigte Temperatur unter dem Siedepunkt des Amins liegt. Anstelle eines Aminüberschusses verwendet man hier oft Erdalkalioxide zum Binden des abgespaltenen Chlorwasserstoffs.

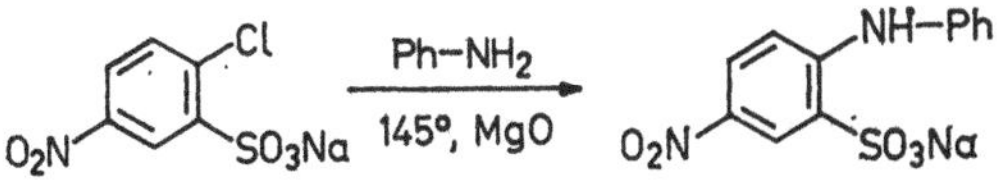

In dem hier angegebenen Beispiel liegt der interessante Fall vor, daß man zur Reaktivitätssteigerung eine Sulfogruppe einführt, die nach der Umsetzung mit Anilin wieder entfernt wird. Zielprodukt ist p-Nitrodiphenylamin.

Früh beobachtet und technisch genutzt wurde die Beeinflussung des Chloraustauschs durch Kupfersalze. Sie erlaubt oft eine erhebliche Herabsetzung der Reaktionstemperatur und ermöglicht Umsetzungen, die unkatalysiert nicht durchführbar sind. Beispielsweise läßt sich Chlorbenzen in Gegenwart von Kupfer-I-chlorid schon bei 215 °C mit Methylamin zum Methylanilin umsetzen.

Die Umsetzung von Chloraromaten mit Natronlauge wird in vielen Fällen und in großem Umfang zur Herstellung von Phenolen herangezogen. Während die Umsetzung von Chlorbenzen mit Natronlauge zu Phenol Temperaturen über 300 °C erfordert, lassen sich mehrfachchlorierte Verbindungen bei niedrigerer Temperatur umsetzen. 1.4-Dichlorbenzen geht mit Natronlauge bei 200 °C in p-Chlorphenol über, 1.2.4.5-Tetrachlorbenzen bei 150 °C unter Substitution eines Chloratoms in 2.4.5-Trichlorphenol. Hexachlorbenzen tauscht bereits bei 130 °C Chlor gegen Hydroxyl aus.

Wichtig ist schließlich auch die Umsetzung von Nitrochlorbenzenen mit alkoholischer Lauge zu Nitrophenolethern und mit Phenolaten zu Diarylethern. So erhält man aus o- bzw. p-Nitrochlorbenzen mit methanolischer

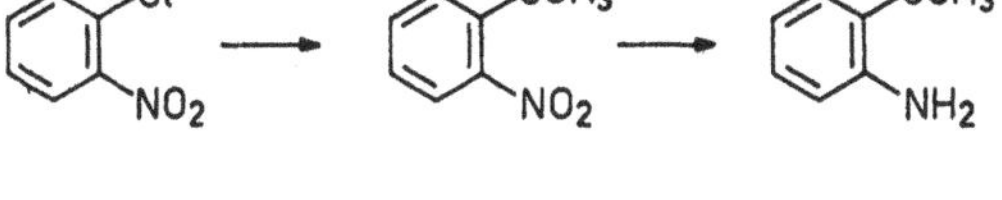

Natronlauge die entsprechenden Nitroanisole, die auf die Farbstoffkomponenten o- und p-Anisidin verarbeitet werden.

3.2.2.2. Austausch der Sulfogruppe gegen die Hydroxylgruppe

In vielen Zwischen- und Finalprodukten ist die Sulfogruppe ein nötiger Substituent, um beispielsweise Farbstoffe wasserlöslich zu machen. Ebensooft ist diese Gruppierung aber Durchgangsstadium zur Einführung funktioneller Gruppen, vor allem der Hydroxylgruppe, deren direkte Einführung in den Aromaten nicht möglich ist. Die wichtigste Reaktion ist der direkte Ersatz der Sulfogruppe durch das sogenannte Abschmelzen mit Ätznatron.

$$Ar{-}SO_3Na + 2NaOH \rightarrow Ar{-}ONa + Na_2SO_3$$

Die Reaktion ist heute nur für die einfachsten Phenole durch petrolchemische Prozesse abgelöst; für Farbstoffzwischenprodukte ist sie noch heute das wichtigste Verfahren zur Einführung von phenolischem Hydroxyl.

Die Reaktion erfordert relativ scharfe Bedingungen. Man arbeitet in einer Schmelze von Ätznatron (Schmelzpunkt 328 °C), deren Erstarrungspunkt nötigenfalls durch Wasserzusatz herabgedrückt wird. Wie bei den bereits behandelten nucleophilen Substitutionen an Aromaten wirken elektronenziehende Gruppen beschleunigend. Während für Benzensulfonsäure eine Reaktionstemperatur von 300 °C erforderlich ist, setzen im Molekül vorhandene weitere Sulfogruppen die Reaktionstemperatur herab. So kann man Disulfonsäuren oft bereits bei 250 °C partiell abschmelzen und Phenolsulfonsäuren erhalten. Das partielle Abschmelzen einer Gruppierung in der Naphthalen-1.5-disulfonsäure gelingt bereits bei 250 °C. Die Gewinnung der sogenannten H-Säure, eines Farbstoffzwischenproduktes, durch partielles Abschmelzen an einer Trisulfonsäure ist schon bei 180 °C möglich.

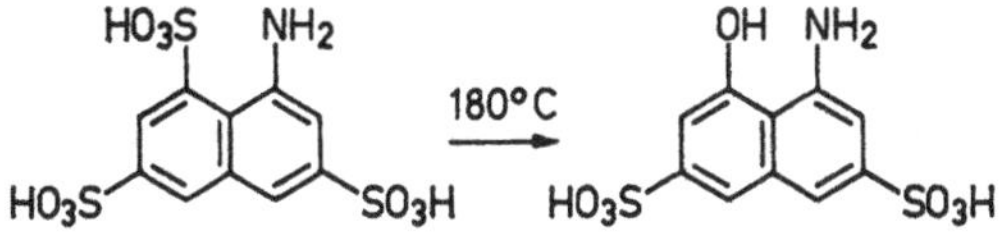

Selbstverständlich lassen sich durch Austausch mehrerer Sulfogruppen mehrwertige Phenole erhalten. Beispielsweise läßt sich Benzen-m-disulfonsäure zunächst in eine Phenolsulfonsäure und durch weitere Ätznatronbehandlung bis zu einer Temperatur von 340 °C in Resorcin überführen.

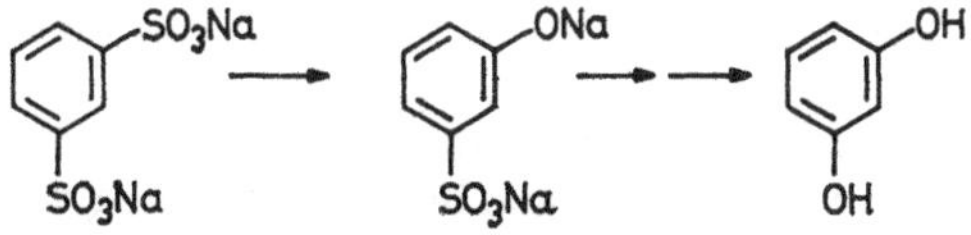

3.2.2.3. Wechselseitiger Austausch von Hydroxy- und Aminogruppen in Naphthalenderivaten

(BUCHERER-*Reaktion*)

Eine Hydrolyse von Anilin zu Phenol ist erst oberhalb 300 °C möglich. Es war jedoch schon lange bekannt, daß in der Naphthalenreihe eine wechselseitige Überführung von Aminen und Hydroxyverbindungen möglich ist, wenn in Gegenwart von stöchiometrischen Mengen Bisulfit gearbeitet wird. Diese als BUCHERER-Reaktion technisch ausgeführte Umsetzung läuft bereits unterhalb 100 °C ab. In der Technik wird sie auch oft unter Druck bei Temperaturen bis 180 °C durchgeführt.

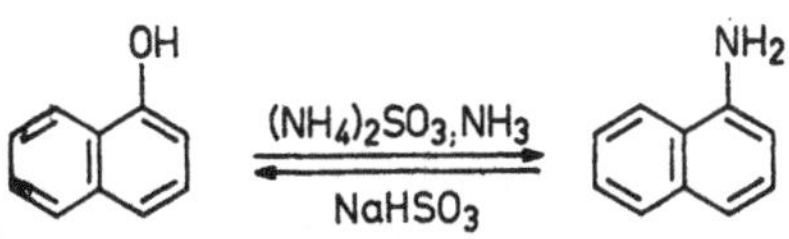

Die Natur der Zwischenstufen, über die das Bisulfit wirkt, ist erst vor etwa 20 Jahren aufgeklärt worden. Die in der Regel isolierbaren Anlagerungsverbindungen des

Bisulfits an Naphthole erwiesen sich als Tetralonsulfonsäuren. Die im Vergleich zu Hydroxyaromaten stark erhöhte Reaktivität gegenüber Aminen ist für Ketone plausibel.

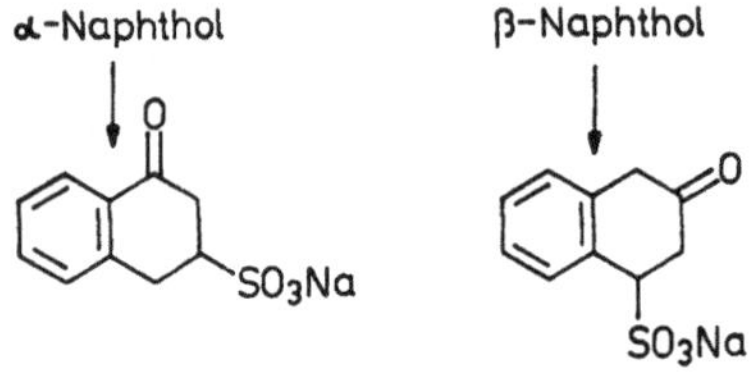

Wichtige Produkte der BUCHERER-Reaktion sind α-Naphthol, das nicht so vorteilhaft wie die β-Verbindung durch Abschmelzen zu erhalten ist, das aus β-Naphthol und Anilin in großen Mengen hergestellte Phenyl-β-naphthylamin, das als Inhibitor von Radikalreaktionen, insbesondere zum Alterungsschutz von Gummi, eingesetzt wird, sowie die für Farbstoffe wichtigen Naphthylaminsulfonsäuren, von denen beispielsweise die 2-Naphthylamin-5.7-disulfonsäure aus der entsprechenden Hydroxydisulfonsäure, der G-Säure, mit Ammonsulfit und Ammoniak bei 185 °C gewonnen wird.

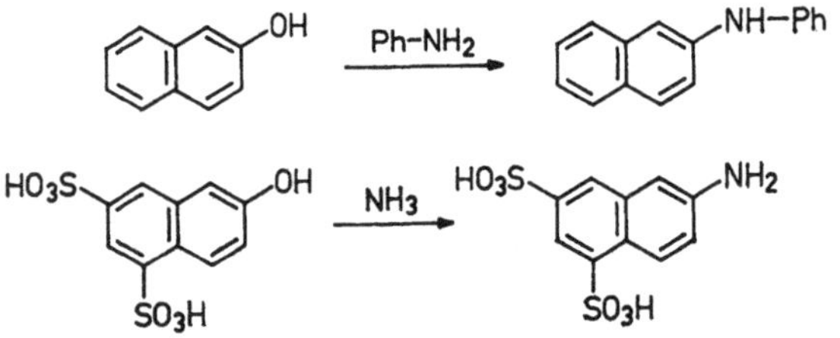

3.2.2.4. Umwandlungen über Diazoniumverbindungen

Die Diazotierung aromatischer Amine mit anschließender Kupplung des gebildeten Diazoniumions mit Phenolen oder Aminen ist die wichtigste Reaktion der Farbstoffsynthese. Daneben gibt es eine Reihe von Umwandlungsreaktionen aromatischer Zwischenprodukte, die ebenfalls vom diazotierten Amin ausgehen und durch Ersatz der Diazoniumgruppe durch Hydroxyl, Halogen oder Nitril zu neuen Zwischenprodukten führen.

Der Austausch der diazotierten Aminogruppe gegen Hydroxyl wird ausgeführt, indem man die schwefelsaure Diazoniumlösung auf Temperaturen zwischen 40 und 100 °C erhitzt, wobei Stickstoff abgespalten wird. Man erhält auf diesem Wege Phenole aus Aminen, die ihrerseits aus den Kohlenwasserstoffen durch Nitrierung und Reduktion leicht herzustellen sind.

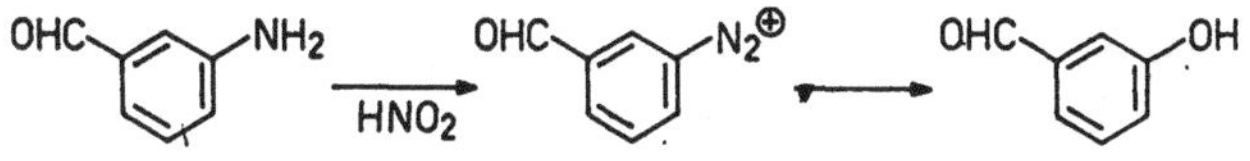

Beispiele für technisch hergestellte Zwischenprodukte sind m-Hydroxy-benzaldehyd, Guajakol (2-Methoxy-phenol) und m-Hydroxy-benzensulfonsäure.

Man vermeidet beim Verkochen der Diazoniumlösungen das Arbeiten in Salzsäure, da in Konkurrenz zum Eintritt von Hydroxyl teilweiser Einbau von Chlorid erfolgen kann. Zum Hauptprodukt wird das Chlorsubstitutionsprodukt, wenn man in der sogenannten SANDMEYER-Reaktion Kupferverbindungen zusetzt. Die Kupferverbindungen haben eine katalytische Funktion, da die Gesamtreaktion keine Reduktion oder Oxydation ist. Trotzdem benötigt man nicht unerhebliche Mengen an Kupferverbindung, in der Regel 0,1—0,33 Mol. Man benutzt die Reaktion beispielsweise zur Herstellung von 2.6-Dichlortoluen und 2-Chlortoluen.

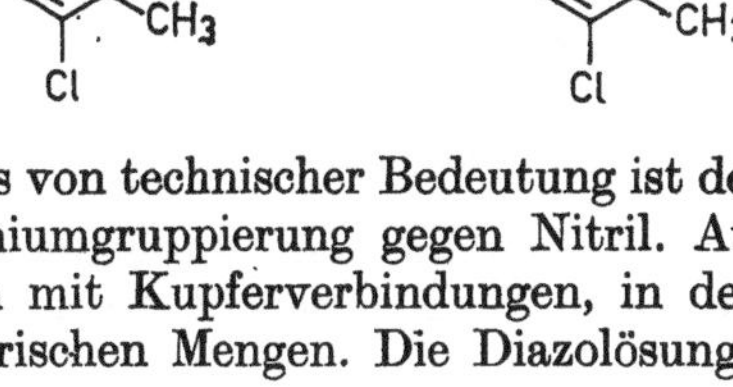

Ebenfalls von technischer Bedeutung ist der Austausch der Diazoniumgruppierung gegen Nitril. Auch hier arbeitet man mit Kupferverbindungen, in der Regel mit stöchiometrischen Mengen. Die Diazolösung wird in alkalischen, Kupferverbindungen enthaltenden Cyanidlösungen zersetzt, wobei unter Stickstoffabspaltung das Nitril entsteht.

$$Ar-N_2^{\oplus}Cl^{\ominus} + Na[Cu(CN)_2] \rightarrow Ar-CN + CuCN + N_2$$

Die Reaktion ist wichtig für die Synthese spezieller Phthalocyanine, deren Zwischenprodukte zwei orthoständige Nitrilgruppen enthalten. Früher diente sie zur Herstellung von Zwischenprodukten schwefelanaloger Indigofarbstoffe.

In Gegenwart von Kupferverbindungen lassen sich diazotierte Amine auch mit Schwefeldioxid und Salzsäure zu Sulfochloriden umsetzen, was zu einer Synthese des Saccharins® aus Anthranilsäure dienen kann.

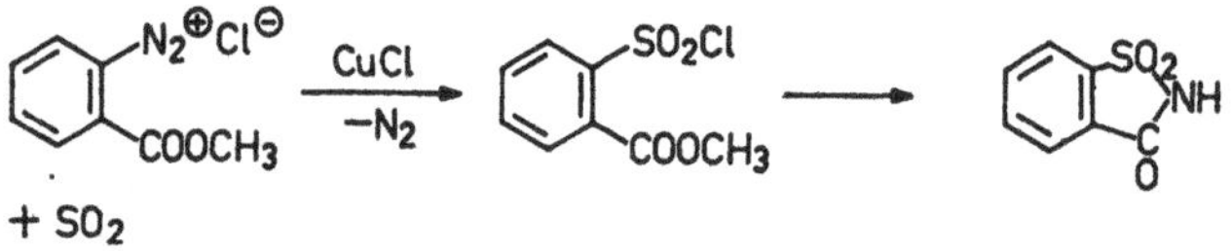

Einwirkung von Bisulfit auf Diazoniumsalze bewirkt Reduktion der Stickstoffgruppierung. Die erhaltenen Arylhydrazine, vor allem Phenylhydrazin und seine durch Chlor, Nitro- oder Sulfogruppen substituierten Abkömmlinge, sind Zwischenprodukte für die Herstellung von Pyrazolonen, die für die Pharmasynthese, vor allem aber auch für Farbfilmkomponenten von Bedeutung sind.

$$Ar-N_2^{\oplus}Cl^{\ominus} + 2NaHSO_3 + 2H_2O \rightarrow Ar-NH-NH_2 + NaCl + H_2SO_4 + NaHSO_4$$

3.2.3. *Reduktion und Oxydation an aromatischen Zwischenprodukten*

3.2.3.1. *Reduktion der Nitrogruppe*

Reduktionen an aromatischen Zwischenprodukten betreffen vorzugsweise die funktionelle Gruppe. In ihrer Bedeutung steht an erster Stelle die Reduktion der Nitrogruppe, bei der wiederum die Durchreduktion bis zur Aminogruppe die wichtigste Reaktion ist. Daneben besitzen einige partielle Reduktionen technisches Interesse.

Die Nitrogruppe geht durch Verbrauch von zwei Reduktionsäquivalenten in die Nitrosogruppe über, mit jeweils zwei weiteren Reduktionsäquivalenten in die Hydroxylamino- und schließlich die Aminogruppe. Während die Nitrosostufe kaum durch Reduktion gewinnbar ist, hat man spezielle Reduktionsbedingungen für die Herstellung der Arylhydroxylamine gefunden.

$$Ar{-}NO_2 \xrightarrow{2\ominus} Ar{-}NO \xrightarrow{2\ominus} Ar{-}NHOH \xrightarrow{2\ominus} Ar{-}NH_2$$

Schließlich hat man auch Reagenzien und Reaktionsbedingungen gefunden, um bei Anwesenheit mehrerer Nitrogruppen eine Gruppe bevorzugt zu reduzieren.

Reduktionen können ferner von anderen Oxydationsstufen der funktionellen Gruppe ausgehen, beispielsweise von der Nitrosogruppe, die sich in reaktionsfähige Aromaten direkt einführen läßt.

Das größte Zwischenprodukt unter den aromatischen Aminen ist das Anilin. Neben einer heute nicht mehr ausgeübten Umsetzung von Chlorbenzen mit Ammoniak und der in Japan betriebenen katalytischen Amidierung von Phenol ist die Reduktion von Nitrobenzen die wichtigste Reaktion zur Herstellung des Anilins. Für die heute benötigten Mengen an Anilin hat man längst die katalytische Hydrierung herangezogen, die aber die klassische Reduktion mit Eisen noch nicht völlig verdrängt hat. Für die vielen speziellen Amine, die als Zwischenprodukte der Farbstoffsynthese benötigt werden, ist die Reduktion mit Eisen noch heute das Verfahren der Wahl.

Während Anilin zunächst fast ausschließlich für die Herstellung von Farbstoffen eingesetzt wurde, benötigt dieses Einsatzgebiet heute nur noch 15% des Anilins. Daneben traten zunächst die Pharmaka, die über Phenylhydrazin oder Sulfanilsäure hergestellt wurden, dann die

Kautschukhilfsmittel, beispielsweise das Merkapto-benzthiazol, Phenyl-β-naphthylamin als Antioxidans, Cyclohexylamin und viele Pflanzenschutzmittel. Ein Beispiel der vielen als Pflanzenschutzmittel eingesetzten Phenylharnstoffe und Phenylcarbamate ist das Proximpham®, ein Herbicid, in dessen Synthese Anilin über Phenylisocyanat eingeht.

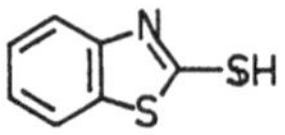

Merkapto-benzthiazol

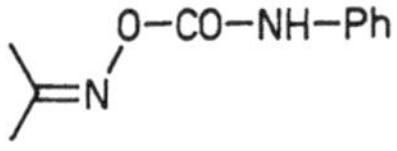

Proximpham®

Der größte Anilinverbraucher ist heute das bereits im Abschnitt 2.5.1. erwähnte 4.4'-Diamino-diphenylmethan, dessen Diisocyanat Zwischenprodukt der Polyurethanproduktion ist.

Katalytische Hydrierungen von Nitrobenzen zu Anilin nimmt man in der Gasphase vor, da sich Nitrobenzen im Gegensatz zu Nitroaromaten mit höherem Molekulargewicht gefahrlos verdampfen läßt. Die Reduktion erfolgt mit überschüssigem Wasserstoff bei Temperaturen um 300 °C an Metallen oder Metallsulfiden.

Das klassische Verfahren nach Béchamp reduziert Nitroaromaten mit gemahlenem Gußeisen. Nach der Bruttogleichung

$$Ph{-}NO_2 + 2\,Fe + H_2O \xrightarrow{HCl} Fe_2O_3 + Ph{-}NH_2$$

setzt man Nitrobenzen oder den Nitroaromaten bei etwa 100 °C mit Eisen in Gegenwart von Wasser um, das im Falle des Nitrobenzens etwa 1/40 Äquivalent Salzsäure, manchmal auch Eisenchlorid oder Aluminiumchlorid enthält. Die Bruttogleichung wird nicht genau befolgt; die Eisenoxidniederschläge enthalten anteilig zweiwertiges Eisen. Die Ausbeute an Anilin beträgt fast 99%. Es wird durch Wasserdampfdestillation isoliert; bei schwerflüchtigen Aminen benutzt man zur Isolierung die Wasserlöslichkeit der Hydrochloride.

Den erheblichen Nachteilen des Arbeitens mit metallischem Eisen wie Chargenbetrieb, starker Abnutzung der Reaktionsgefäße durch das Bewegen der Eisenspäne und dem Aufwand an mechanischer Arbeit steht der Vorteil gegenüber, daß das bei der Reduktion anfallende Eisenoxid sich in einer Form gewinnen läßt, in der es als Farbstoffpigment benutzt werden kann. Durch Variation der Korngröße des Eisens und durch Zusätze lassen sich gelbe, rote und schwarze Pigmente erhalten.

Zwischenprodukte der Farbstoffherstellung, die durch Reduktion nach BÉCHAMP erhalten werden, sind neben Anilin o- und p-Toluidin, o-Anisidin, Metanilsäure (3-Amino-benzensulfonsäure), p-Aminophenol, p-Aminoacetanilid, m- und p-Phenylendiamin sowie viele mehrfach substituierte Naphthylamin-sulfonsäuren.

Reduktionen mit Natriumsulfid oder Ammoniumsulfid nimmt man vor, wenn Nitrophenole zu Aminophenolen reduziert werden sollen. Die weniger energische Reduktionswirkung der Sulfide kann auch dazu benutzt werden, einzelne Nitrogruppen bevorzugt zu reduzieren. Es ist plausibel, daß die erste Nitrogruppe durch den Elektronenzug weiterer Nitrogruppen besonders elektronenarm und dadurch leichter reduzierbar ist. So erhält man beispielsweise aus Pikrinsäure mit Natriumsulfid Pikraminsäure, aus m-Dinitrobenzen mit Ammoniumsulfid m-Nitranilin.

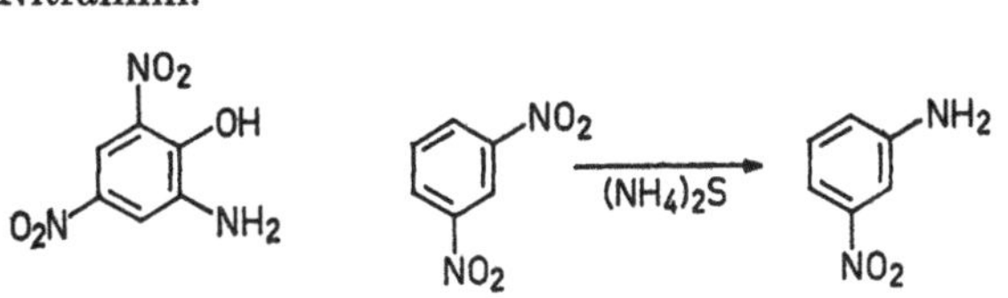

Arbeitet man bei der Reduktion der Nitrogruppe nicht in stark saurem Medium, so geht die Reduktion nur langsam über die Hydroxylaminstufe hinaus. Mit Zinkstaub in sehr schwach saurem wäßrig-alkoholischem Medium, das man durch Calciumchlorid oder Ammoniumchlorid erzeugt, läßt sich Phenylhydroxylamin präparativ herstellen. Es hat keine technische Bedeutung; auch die leicht mögliche Umlagerung in p-Aminophenol durch starke Mineralsäuren ist keine Alternative zur Herstellung dieses Amins über p-Nitrochlorbenzen.

Wichtig ist dagegen die N—N-Knüpfung bei Reduktionen in stark alkalischem Medium. Dabei kondensieren Nitrosobenzen und Phenylhydroxylamin zum Azoxybenzen, an dem weitere Reduktionen ablaufen, insbesondere zu dem technisch wichtigen Benzidin, das durch Umlagerung von Hydrazobenzen erhalten wird.

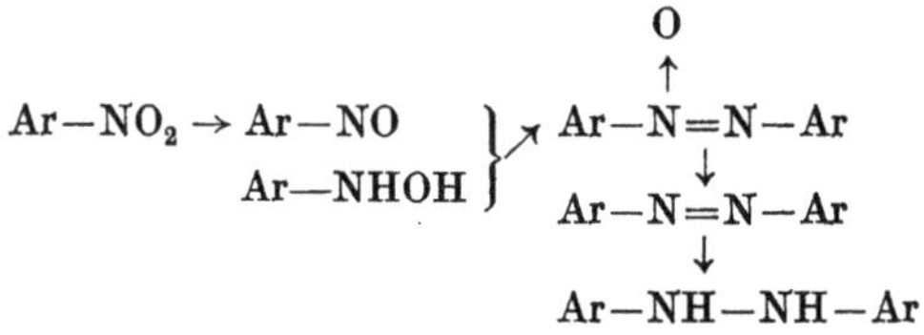

Die Umlagerung des Hydrazobenzens in Benzidin erfolgt schon unter milden Bedingungen bei Einwirkung starker Mineralsäuren. Der Grundkörper Benzidin war Zwischenprodukt des ersten substantiven Baumwollfarbstoffs, des Kongorot, das durch zweifache Diazotierung und Azokupplung mit 1-Naphthylamin-4-sulfonsäure hergestellt wurde. Es ist der Prototyp einer ganzen Reihe von wichtigen Farbstoffen; Kongorot selbst wird wegen seiner geringen Säurestabilität schon lange nicht mehr verwendet.

Zur Herstellung des Benzidins reduziert man Nitrobenzen in einem hochsiedenden Lösungsmittel mit Zinkstaub und Natronlauge. Das Hydrazobenzen wird meistens nicht isoliert, sondern sofort mit Mineralsäure umgelagert.

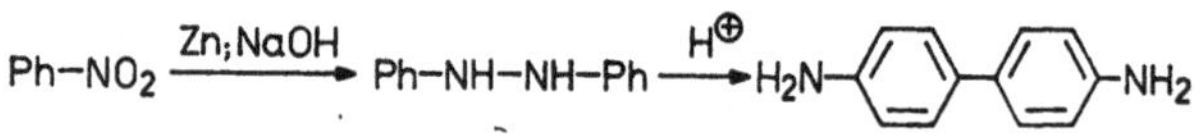

Wegen des hohen Preises des Zinkstaubs wurden viele Versuche unternommen, andere Reduktionsmittel einzusetzen. Man kann mit Eisen in alkalischer Lösung, mit Natriumamalgam aus einer Chloralkalielektrolyse oder elektrolytisch reduzieren; die Zinkstaubreduktion ist aber immer noch von großer Bedeutung. In den letzten Jahren mußten verstärkt Versuche unternommen werden, das als krebserregend erkannte Benzidin gefahrlos herzustellen oder abzulösen. Für die Produktion von Benzidin gelten sehr strenge Sicherheitsvorschriften. Ersetzt hat man es hauptsächlich durch das weniger gefährliche 3.3′-Dichlorbenzidin, das entsprechend aus o-Nitrochlorbenzen hergestellt wird.

Die Weltproduktion an Diamino-diphenylen betrug 1972 ca. 10000 Tonnen, wovon ca. 2000 Tonnen auf Benzidin, 5000 Tonnen auf 3.3′-Dichlorbenzidin entfielen. Daneben sind vor allem o-Tolidin (aus o-Nitrotoluen) und o-Dianisidin (aus o-Nitroanisol) von Bedeutung.

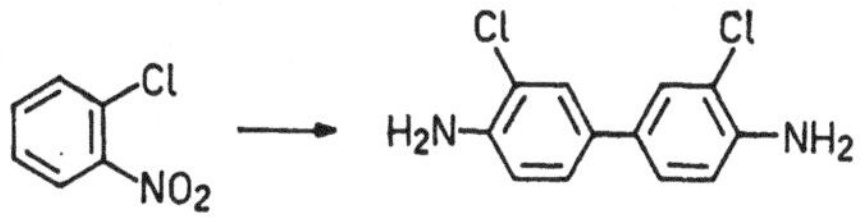

3.2.3.2. Oxydation aromatischer Zwischenprodukte

Oxydationen von aromatischen Verbindungen können im Kern oder in der Seitenkette erfolgen. Im aromatischen Kern werden hauptsächlich Amine und Phenole oxydiert.

Anilin läßt sich zu Chinon oxidieren. Die technische Herstellung erfolgt mit Braunstein oder mit Chromsäure in Schwefelsäure. Bei letzterem Verfahren arbeitet man unterhalb 10 °C und erhält Chinon in 90-proz. Ausbeute.

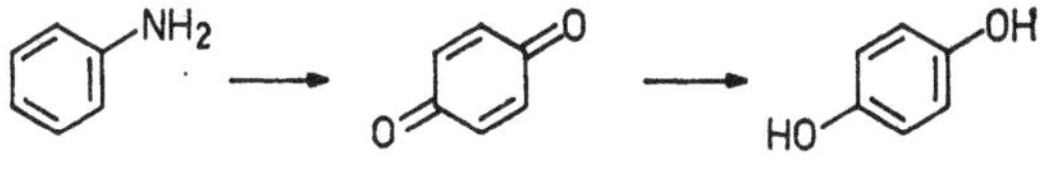

Chinon ist hauptsächlich Zwischenprodukt für Hydrochinon, das man durch Reduktion mit Eisen oder durch katalytische Hydrierung erhält.

Für Hydrochinon beginnen sich Hydroxylierungsprozesse von Phenol mittels Wasserstoffperoxid durchzusetzen.

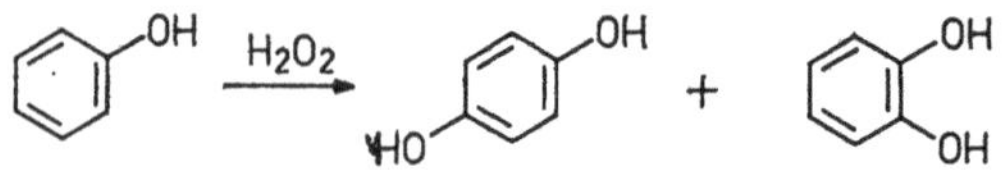

Hydrochinon wird für photographische Entwickler, Antioxidantien, Inhibitoren und als Farbstoffzwischenprodukt verwendet.

Oxydative Umwandlungen der Seitenketten von Aromaten stehen in Konkurrenz zu Chlorierungen mit anschließender Hydrolyse. Klassische Oxydationsmittel sind Chromat und Permanganat. Sie sind für größere Produktionen durch Direktoxydationen mit Sauerstoff abgelöst, werden aber für die Gewinnung kleinerer Zwischenprodukte auch industriell noch betrieben. Beispielsweise oxydiert man noch heute bei der Saccharinherstellung das o-Toluensulfamid mit Permanganat.

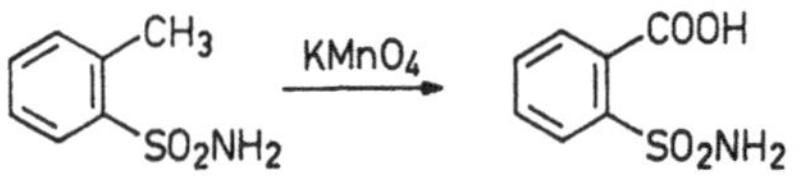

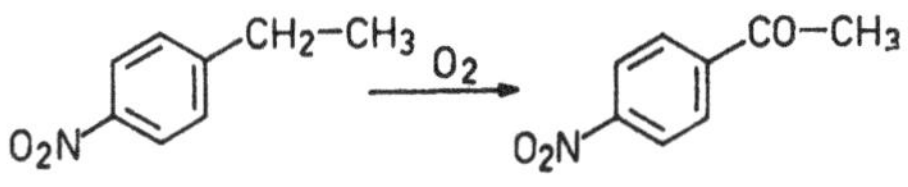

Dagegen hat man für das als Zwischenprodukt der Chloromycetinherstellung benötigte p-Nitroacetophenon ein Verfahren zur Luftoxydation des p-Nitroethylbenzens ausgearbeitet.

Auch für Benzaldehyd ist das klassische Verfahren, in diesem Falle die Seitenkettenchlorierung des Toluens mit nachfolgender Hydrolyse des Benzalchlorids, durch direkte Oxydationsverfahren abgelöst. Die Oxydationsverfahren verlaufen in der Gasphase bei relativ hohen Temperaturen, zur Unterdrückung der Weiteroxydation jedoch mit sehr kurzen Verweilzeiten. Man arbeitet beispielsweise bei Temperaturen zwischen 400 und 700 °C an Wolfram-Molybdän-Kontakten. Da heute Toluen in sehr großem Umfang in flüsiger Phase zu Benzoesäure oxydiert wird, etwa um für den SNIA-VISKOSA-Prozeß die benötigte Benzoesäure zu gewinnen, fällt als Nebenprodukt Benzaldehyd in ausreichender Menge an. Als Jahresproduktion an Benzaldehyd werden für Westeuropa ca. 10000 Tonnen angegeben.

Benzaldehyd ist selbst Riechstoffkomponente, vor allem aber Synthesebaustein für andere Riechstoffe, für Pharmazeutika und Farbstoffe. Die Riechstoffsynthese geht über Zimtsäure, das Produkt der Perkinsynthese mit Acetanhydrid, über Zimtalkohol, Zimtaldehyd und α-Alkyl-zimtaldehyde, über Benzalaceton oder Phenylacetaldehyd.

Ph–CHO
→ Ph–CH=CH–COOH → Ph–CH=CH–Br
→ Ph–CH=CH–CHO
→ Ph–CH=C(R)–CHO
→ $Ph-CH_2-CHO$ → $Ph-CH_2-CH(OR)_2$
→ $Ph-CH=CH-CO-CH_3$

Eine Auswahl der aus Benzaldehyd hergestellten Pharmaka ist nachstehend gegeben. Benzaldehyd geht über klassische Synthesen wie die Cyanhydrinreaktion, die Benzoinkondensation, im Falle des Ephedrins über eine enzymatische Reaktion, in das Molekül ein.

$Ph-CHOH-COO-CH_2-Ph$
Mandelsäure-benzylester

$Ph-CHOH-CH(NH-CH_3)-CH_3$
Ephedrin

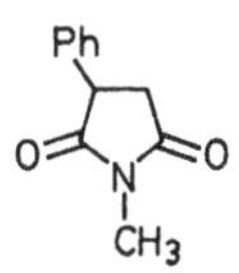

α-Phenylbernsteinsäure-methylimid

Anticonvulsivum

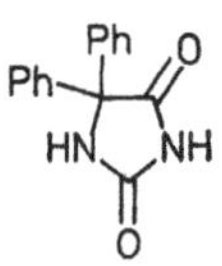

Diphenylhydantoin

Antispasmodikum

Auf dem Farbstoffgebiet stellt man beispielsweise die Triphenylmethanfarbstoffe her, indem man Benzaldehyd mit Phenolen oder Dialkylanilinen kondensiert. Der bekannteste Vertreter ist das Kondensationsprodukt von N.N-Dimethylanilin, das Malachitgrün.

Der historisch älteste Oxydationsprozeß großen Stils war die Erzeugung von Phthalsäureanhydrid, das man schon vor der Jahrhundertwende durch katalytische Gasphasenoxidation aus Naphthalen herstellte. Heute ist Naphthalen als Ausgangsmaterial weitgehend durch o-Xylen verdrängt.

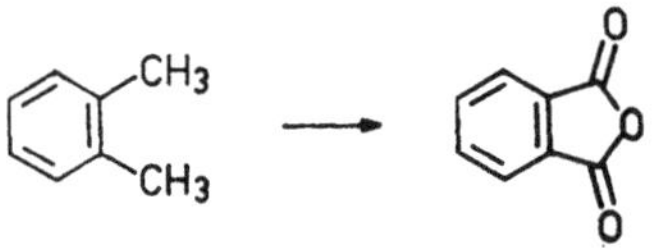

Die Oxydation wird meistens in der Gasphase vorgenommen. Bei Temperaturen von ca. 400 °C werden an Vanadinkontakten Ausbeuten von ca. 80% erhalten. Auch ein Arbeiten in flüssiger Phase ist möglich. Man arbeitet in Essigsäure bei 150 °C in Gegenwart bromhaltiger Kobalt- oder Mangankatalysatoren.

An Phthalsäureanhydrid wird bereits über eine Million Jato produziert. Die Hauptmenge wird zur Herstellung von Estern auf dem Weichmachersektor verwendet. Es ist ferner ein wichtiges Zwischenprodukt auf dem Farbstoffgebiet, beispielsweise für Phthalocyanine.

4. Die Zwischenprodukte der Plaste, Elaste und Synthesefasern

Eine Reihe von Zwischenprodukten werden in diesem Kapitel besonders behandelt. Sie nehmen schon durch die Größe der Produktionen eine Sonderstellung ein und sind, da sie fast ausschließlich für Plaste, Elaste und Synthesefasern verarbeitet werden, eher Halbfertigfabrikate dieser

Produktionen als typische Zwischenprodukte mit multivalentem Einsatz. Aber auch hier fanden sich, nachdem Großproduktionen liefen, Abwandlungs- und Einsatzmöglichkeiten auf anderen Gebieten, beispielsweise die Lysinherstellung aus Caprolactam oder die Herstellung von Phenylacetaldehyd aus Styren.

In einigen Fällen gab es bereits Herstellungsverfahren auf der Basis klassischer Rohstoffe, etwa beim Phenol, das schon seit Jahrzehnten produziert und als Zwischenprodukt verwendet wurde. Die heutigen Großproduktionen erfolgen aber sehr weitgehend auf petrolchemischer Basis.

4.1. Monomere für Polymerisationen

4.1.1. Styren

Mit einer Weltproduktion von mehreren Millionen Jato ist Styren nach Ethylen das größte Produkt unter den Monomeren für Polymerisationen. Es wird durch Dehydrierung von Ethylbenzen hergestellt, das seinerseits aus Benzen und Ethylen erzeugt wird.

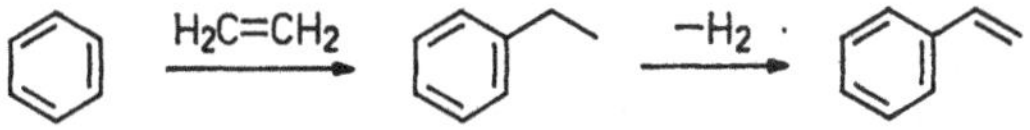

Die Dehydrierung erfolgt an Eisenoxidkataysatoren bei ca. 600 °C. Dabei wird ein Umsatz von etwa 40% erreicht; die Selektivität, also die Ausbeute auf umgesetztes Ausgangsmaterial berechnet, erreicht 90%. Zur Aufarbeitung muß wegen der Polymerisationsneigung des Styrens ein Inhibitor zugesetzt werden; in der Technik verwendet man Schwefel.

Eine weitere Darstellungsweise von Styren, die bereits technisch ausgeübt wird, beginnt mit der Hydroperoxidierung von Ethylbenzen zum α-Phenylethyl-hydroperoxid. Dieses gibt als Epoxidierungsreagenz der HALCON-

Reaktion ein Sauerstoffatom an Propen ab und geht dabei selbst in das Carbinol über, aus dem in einer weiteren Stufe Wasser abgespalten wird.

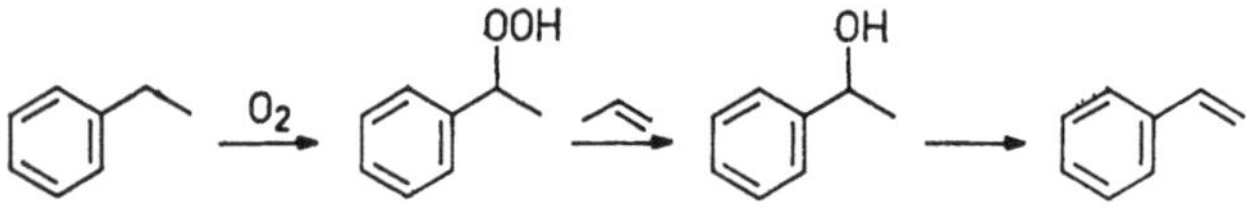

Styren wird hauptsächlich für Thermoplaste und in der Herstellung von Synthesekautschuk als Comonomeres eingesetzt. Einige synthetische Riechstoffe werden aus Styren gewonnen; sie fallen selbstverständlich mengenmäßig nicht ins Gewicht.

4.1.2. Vinylchlorid

Die Erzeugung von Vinylchlorid ist nur wenig kleiner als die von Styren. Vinylchlorid war bereits vor dem Einsetzen der Petrolchemie technisches Produkt, so daß Herstellungsverfahren auf Acetylenbasis existieren und zum Teil heute noch betrieben werden. Mit dem Vordringen von Ethylen als Grundstoff wurden Verfahren auf Ethylenbasis ausgearbeitet.

Die Herstellung aus Acetylen erfolgte durch katalytische Anlagerung von HCl etwas unterhalb 200 °C. Als Katalysatoren dienen, ähnlich wie bei der Hydratisierung des Acetylens zum Acetaldehyd, Quecksilberverbindungen, in diesem Falle Quecksilber-II-chlorid auf Aktivkohle.

$$HC{\equiv}CH + HCl \xrightarrow{HgCl_2} H_2C{=}CHCl$$

Ein Vorteil des Verfahrens ist die Einfachheit der Aufarbeitung. Bei fast vollständigem Umsatz wird eine Selektivität von 98% erreicht; es treten also kaum Nebenprodukte auf.

Die Herstellung von Vinylchlorid aus Ethylen erfolgt in zwei Stufen über 1.2-Dichlorethan. Die Chloraddition an Ethylen läuft praktisch quantitativ ab. Für die anschließende HCl-Abspaltung arbeitet man ohne Katalysator bei 500–600 °C. Die Eliminierung verläuft zwar mit fast vollständiger Selektivität, jedoch mit unvollständigem Umsatz, so daß das 1.2-Dichlorethan im Kreis geführt werden muß.

$$H_2C{=}CH_2 + Cl_2 \rightarrow ClCH_2{-}CH_2Cl \rightarrow H_2C{=}CHCl + HCl$$

Die Bilanz der beiden angegebenen Stufen geht jedoch noch nicht auf, da in der 1. Stufe Chlor eingesetzt wird und in der 2. Stufe HCl entsteht. Für einen Prozeß dieser Größenordnung mußte daher das Problem der Unterbringung des HCl bzw. seiner Umwandlung in Chlor gelöst werden. Man konnte beispielsweise HCl aus dem Ethylenprozeß in einen auf Acetylen basierenden Prozeß einsetzen, was die Bilanz

$$H_2C{=}CH_2 + HC{\equiv}CH + Cl_2 \rightarrow 2\,H_2C{=}CHCl$$

ergibt.

Der Wunsch nach einer völligen Ablösung des Acetylens als Ausgangsmaterial führte zur Entwicklung der Oxychlorierungen. Über Kupferchlorid-Katalysatoren werden Ethylen, HCl und Sauerstoff zu Vinylchlorid umgesetzt. Bei Temperaturen etwas oberhalb 200 °C ist die Ausbeute fast quantitativ.

$$H_2C{=}CH_2 + HCl + 1/2O_2 \rightarrow H_2C{=}CHCl + H_2O$$

Koppelt man schließlich den zweistufigen Additions-Eliminierungs-prozeß mit einem Oxychlorierungsprozeß, so erhält man die ideale Bilanz

$$2\,H_2C{=}CH_2 + Cl_2 + 1/2O_2 \rightarrow 2\,H_2C{=}CHCl + H_2O$$

Vinylchlorid dient fast ausschließlich als Monomeres für Polyvinylchlorid (PVC). 1.2-Dichlorethan spielt eine Rolle als Lösungsmittel.

4.1.3. Acrylnitrril

Acrylnitril erwies sich relativ früh als attraktives Monomeres. Es wurde in speziellen Buna®-Sorten mitverwendet. Die Eignung für Synthesefasern wurde schon zu Beginn der Dreißigerjahre erkannt. Die etwas zu aufwendige Darstellung nach den früher betriebenen Verfahren erschwerte die Entwicklung von Acrylnitril.

Die ersten Verfahren bauten das Acrylnitril aus einer geeigneten C-2-Verbindung und Blausäure auf. Diese wurde entweder mit Ethylenoxid zum β-Hydroxypropionitril oder mit Acetaldehyd zum α-Hydroxypropionitril umgesetzt. Aus beiden Verbindungen ließ sich Wasser abspalten. Am längsten wurde die Anlagerung von Blausäure an Acetylen betrieben; das Verfahren ist aber heute ebenfalls bedeutungslos.

Heute wird praktisch das gesamte Acrylnitril (Weltproduktion 1975 3 Mill. Tonnen) nach dem SOHIO-Verfahren und auf der gleichen Reaktion beruhenden Varianten hergestellt. Dazu wird Propen in einer sogenannten Ammoxydation mit Ammoniak und Luft an Oxydationskatalysatoren bei ca. 450 °C direkt zu Acrylnitril umgesetzt.

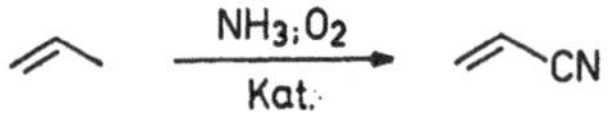

Nebenprodukt ist Blausäure und bei älteren Verfahrensvarianten Acetonitril. Obwohl Acetonitril ein begehrtes Zwischenprodukt geworden war, beispielsweise für die Herstellung von Ethylaminen, verwendet man heute Katalysatoren, die die Entstehung von Acetonitril zurückdrängen. Die Ausbeuten an Acrylnitril liegen heute bei ca. 65%.

Größtes Einsatzgebiet für Acrylnitril ist die PAN-Faser, für die über die Hälfte des Monomeren verwendet wird. Erhebliche Mengen gehen in den Kunststoffsektor, wobei Mischpolymerisate mit Styren und ein Terpolymerisat mit Butadien und Styren verwendet werden. Ungefähr ein Viertel des Acrylnitrils geht in eine große Zahl von speziellen weiteren Umsetzungen. Beispielsweise verseift man mit Schwefelsäure zum Acrylamid, das zu einem wasserlöslichen Produkt polymerisiert werden kann oder nach Umsetzung mit Formaldehyd bi- und trifunktionelle Verbindungen gibt, die zur Ausrüstung von Textilien dienen.

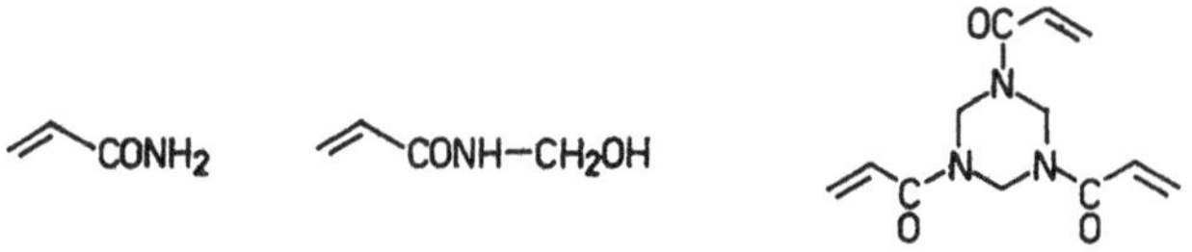

Sehr breite Anwendung findet Acrylnitril durch seine große Tendenz, nucleophile Verbindungen an seine C—C-Doppelbindung anzulagern. Diese Reaktion wird beispielsweise viel benutzt, um Amine in Cyanethylamine zu überführen, die zu Diaminen hydriert oder bei Anwesenheit geeigneter Gruppen cyclisiert werden können. So läßt sich Acrylnitril über β-Aminopropionitril in 1.3-Diaminopropan überführen.

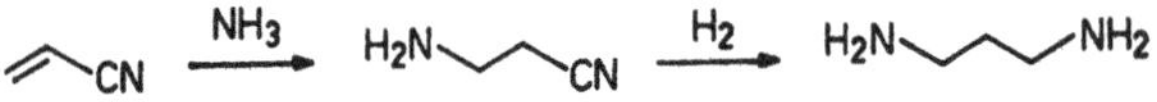

Aminogruppen von Farbstoffzwischenprodukten werden cyanethyliert, um den Farbstoff fettlöslich zu machen. In einigen Reaktivfarbstoffen erzeugt man die alkylierende Gruppierung über die Cyanethylierung eines Aminoalkohols.

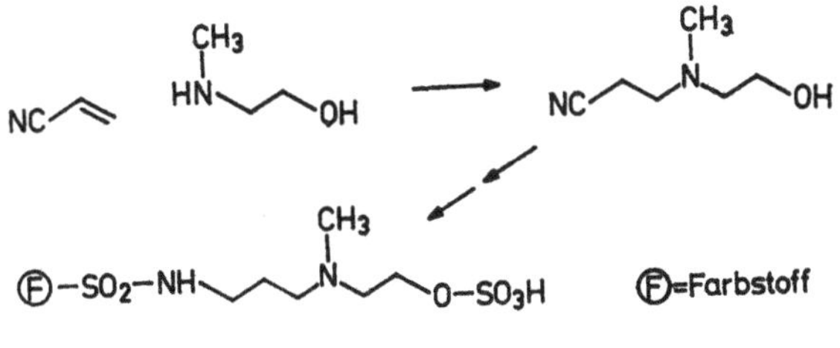

Auch in der Pharmasynthese wird die Cyanethylierung häufig angewendet.

Die lange vergeblich versuchte reduzierende Dimerisierung von Acrylnitril zum Adipo-dinitril gelingt durch eine rhodiumkatalysierte Dimerisierung und anschließende Hydrierung. Technisch durchgeführt wird die elektrochemische reduzierende Dimerisierung.

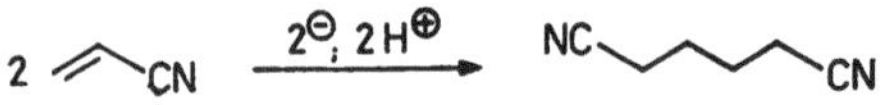

Ebenfalls technisch ausgeführt wird die Hydroformylierung des Acrylnitrils zum Cyanpropionaldehyd. Er läßt sich durch weitere Reaktionsschritte in Glutaminsäure umwandeln.

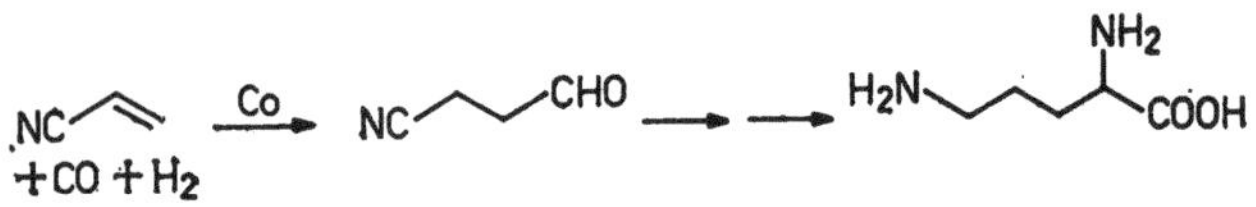

4.1.4. *Vinylacetat*

Auch Vinylacetat spiegelt den Trend der chemischen Produktion wider, Prozesse auf Basis des reaktionsfähigen, aber teuren Acetylens durch neue Prozesse auf der Basis des zwar weniger reaktionsfähigen, aber billigeren Ethylens zu ersetzen.

Auch für Vinylacetat, dessen Haupteinsatzgebiet die Polymerengewinnung ist, hat die Weltproduktion die 1-Mill.-Jato-Grenze überschritten. Für die USA wurden 1976 670000 Tonnen angegeben.

Zur Herstellung von Vinylacetat aus Acetylen wird bei ca. 200 °C in der Gasphase an Zink-haltigen Katalysatoren Essigsäure angelagert; die Selektivität beträgt über 90%.

$$HC{\equiv}CH + AcOH \rightarrow H_2C{=}CH{-}OAc$$

Die Ablösung des Acetylens durch Ethylen verlief ähnlich wie bei der Gewinnung von Acetaldehyd, als dessen Enolacetat das Vinylacetat aufzufassen ist. Es bildet sich, wenn Essigsäure auf Ethylen in Gegenwart von zweiwertigem Palladium einwirkt, wobei das Palladium in die Oxydationsstufe 0 übergeht.

$$H_2C{=}CH_2 + AcOH + Pd^{++} \rightarrow H_2C{=}CH{-}OAc + Pd^0 + 2H^+$$

Ähnlich wie beim WACKER-Verfahren (Abschnitt 2.5.2.) muß man für die kontinuierliche Rückoxydation des Palladiums sorgen, die wieder durch Kupfer-II-chlorid bewirkt wird, das seinerseits durch Luftsauerstoff regeneriert wird. Man kommt also zur Stöchiometrie einer Reaktion von Ethylen mit Essigsäure und Sauerstoff zu Vinylacetat und Wasser. Das gebildete Wasser führt zu einer teilweisen Bildung von Acetaldehyd. Die Ausbeute an Vinylacetat + Acetaldehyd liegt über 80%.

In den letzten Jahren ging die Entwicklung zu Gasphasenprozessen, die heute bereits mit Anlagengrößen von 150000 Jato laufen. Ethylen und Essigsäure werden bei ca. 200 °C über einen Palladiumkontakt geleitet. Zwar beträgt der Umsatz an Ethylen nur etwa 10%, die Ausbeute, berechnet auf Ethylen, liegt jedoch über 90%.

$$H_2C{=}CH_2 + AcOH + 1/2O_2 \xrightarrow{Pd} H_2C = CH{-}OAc$$

Vinylacetat wird zum Polyvinylacetat polymerisiert, das vor allem als Lackgrundlage und für Anstrichmittel verwendet wird. Entacetylierung durch Umesterung führt zum Polyvinylalkohol, der in der Papierindustrie und zur Veredlung von Textilien eingesetzt wird. Schließlich lassen sich die Hydroxylgruppen des Polyvinylalkohols leicht acetalisieren, beispielsweise mit Butyraldehyd. Wegen der 1.3-Stellung der Hydroxylgruppen entstehen sechsgliedrige Acetalringe. Polyvinylbutyral dient zur Herstellung von Zwischenschichten für Sicherheitsgläser.

Als Derivat des Acetaldehyds ist Vinylacetat ein interessantes Zwischenprodukt für organische Synthesen. Beispielsweise führt Anlagerung von Chlor und nachfolgender Austausch von Chlorid gegen Acetat zum 1.1.2-Triacetoxy-ethan, einem Derivat des Glycolaldehyds. Es kann durch Verseifung und STRECKER-Synthese für eine ergiebige Synthese der Aminosäure Serin dienen.

4.1.5. Vinylether

Vinylether werden nach REPPE durch alkalikatalysierte Anlagerung von Alkoholen an Acetylen gewonnen. Die Reaktion wird bei ca. 150 °C durchgeführt und verläuft so glatt, daß sie als Reaktion zur Gewinnung von Acetaldehyd aus Acetylen vorgeschlagen wurde.

$$HC{\equiv}CH + ROH \xrightarrow{RO^{\ominus}} H_2C{=}CH{-}OR$$

Verschiedene Vinylether besitzen als Komponenten für Copolymerisate Bedeutung, die auf dem Gebiet der Lacke und Klebstoffe sowie zur Textilveredlung eingesetzt werden.

In der Synthese besitzen Vinylether beispielsweise für die Gewinnung gemischter Acetale Bedeutung. Aus zwei verschiedenen Aldehyden lassen sich Produkte einer definierten Mischaldolisierung erhalten, wenn man einen Aldehyd als Enolether, den anderen als Acetal einsetzt und mit Borfluorid katalysiert, beispielsweise

$$R{-}CH_2{-}CH(OR)_2 + H_2C{=}CH{-}OR$$

$$\xrightarrow{BF_3} \longrightarrow R{-}CH_2{-}CH{=}CH{-}CHO$$

4.1.6. Acrylsäure und Acrylester

Die technische Herstellung der Acrylsäure begann bereits um die Jahrhundertwende, nachdem man die Polymerisation ihrer Ester entdeckt hatte. Auch hier wurden die Herstellungsverfahren durch die Petrolchemie erneuert und die Produktionen um Größenordnungen erweitert. Die Weltproduktion lag 1973 bei mehr als 500000 Tonnen, von denen noch etwa ein Drittel aus Acetylen hergestellt wurde, aber bereits die Hälfte aus Propylen. Der Übergang vom Acetylen zu Olefinen der Benzinspaltung wird also auch hier vollzogen.

Die Acrylsäureherstellung aus Acetylen ist ein Flüssigphaseprozeß. Sie verläuft nach der Gleichung

$$HC{\equiv}CH + CO + H_2O \xrightarrow{NiBr_2} H_2C{=}CH{-}COOH$$

bei nicht ganz 200 °C ab. Der ursprünglich stöchiometrische Einsatz von Nickeltetracarbonyl ist heute überwunden. Man arbeitet mit katalytischen Mengen Nickelbromid, dem etwas Kupferhalogenid zugesetzt ist. Arbeitet man mit Alkoholen anstelle von Wasser, so kommt man direkt zu den Estern.

Eine interessante Reaktion liegt einem Verfahren zugrunde, bei dem zunächst aus Formaldehyd und Keten β-Propiolacton erzeugt wird, das in einer zweiten Stufe entweder katalytisch zur Acrylsäure oder mit einem Alkohol zum Ester umgesetzt wird.

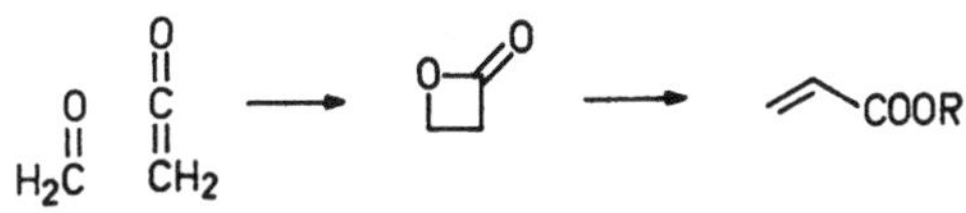

Da Acrylnitril heute sehr billig aus dem Sohio-Verfahren zur Verfügung steht, hat sich auch die Gewinnung von Acrylestern aus dem Nitril mit Alkohol gehalten.

Die bei einigen der älteren Prozesse gegebene Möglichkeit, durch Arbeiten mit dem jweiligen Alkohol direkt zum Acrylester zu gelangen, dürfte bei kleineren Produktionen ein Vorteil gewesen sein. Bei den heutigen Ansprüchen an die Perfektion eines großen petrolchemischen Prozesses wäre es wahrscheinlich nicht mehr rationell, den Prozeß in so vielen Varianten zu entwickeln und zu betreiben, wie Ester gewünscht werden. Der Weg geht daher heute zur Großproduktion der Acrylsäure, die dann anschließend mit Alkoholen verestert wird. So können die speziellen Forderungen für die Polymerisation erfüllt werden, für die man heute den Methyl-, Ethyl-, Isopropyl-, n-Butyl-, Isobutyl- und 2-Ethylhexylester benötigt.

Die Acrylsäureherstellung aus Propen ist ein typischer Gasphasenprozeß. Propen und Luft werden, eventuell mit Wasser verdünnt, über in der Regel molybdathaltige Katalysatoren geleitet. Die Reaktionstemperatur hängt davon ab, ob man eine einstufige Überführung in Acrylsäure anstrebt, oder zunächst in einer ersten Stufe auf optimale Acroleinbildung und in einer zweiten Stufe auf Weiteroxydation zur Acrylsäure fährt. Optimale Temperaturen für die erste Stufe liegen um 350 °C, für die zweite Stufe etwas unter 300 °C.

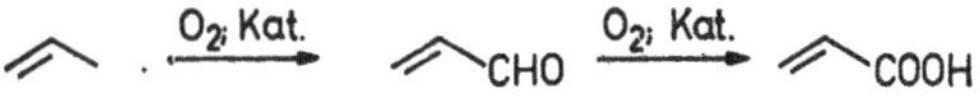

Ein Acrylsäureprozeß auf Ethylenbasis ist vorgeschlagen worden, hat sich aber noch nicht durchgesetzt. Er besteht in einer oxydativen Carbonylierung von Ethylen mittels Palladiumverbindungen.

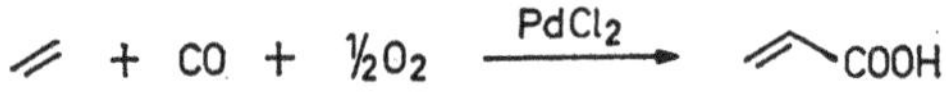

Sowohl die Acrylsäure als auch ihre Ester dienen in großem Maßstab zu Polymerisationen und Mischpolymerisationen. Homopolymerisate der Acrylsäure sind wasserlöslich; die Salze dienen als Verdickungsmittel, Sedimentiermittel und als Mittel zur Bodenverbesserung. Bei Mischpolymerisaten aus Acrylsäure und ihren Estern sind nur die Salze wasserlöslich; die Lösungen können beispielsweise als Klebstoffe dienen. Andere Copolymerisate finden Anwendung in Lacken.

Die Reaktivität der Acrylsäurederivate, insbesondere für Anlagerungen und Cycloadditionen, ermöglicht viele Synthesen, beispielsweise auf dem Pharmasektor.

4.1.7. *Methacrylester*

Methacrylsäure selbst hat keine technische Bedeutung; unter ihren Estern dominiert der Methylester als Monomeres für glasklare Kunststoffe (Acrylglas) und als Comonomeres für Lackkomponenten. Die Jahresproduktion liegt in der Größenordnung von 1 Mill. Tonnen. Im Unterschied zur Acrylsäure haben sich hier noch keine modernen

Herstellungsprozesse durchsetzen können. Es erfolgt fast ausschließlich die klassische Herstellung aus Aceton-cyanhydrin.

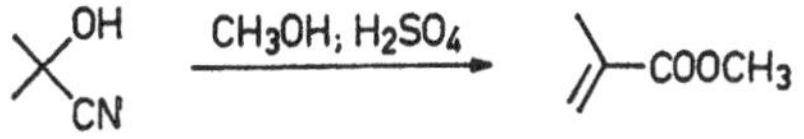

Weder die Ammoxydation zu Methacrylnitril noch eine Oxydation des Isobutens zum Methacrolein hat sich durchsetzen können. Die katalytische Oxydation des Isobutens zum Methacrolein in der Gasphase gelingt zwar leicht; die Weiteroxydation zu Methacrylsäure ist jedoch noch nicht befriedigend gelöst.

Der erhebliche Anfall von Isobutyraldehyd als Nebenprodukt der Hydroformylierung des Propens hat starke Aktivität ausgelöst, Isobutyraldehyd in Methacrylester zu überführen. Die Oxydation des Aldehyds zur Isobuttersäure ist leicht möglich; die Dehydrierung hat man in zwei Varianten lösen können, entweder durch eine mit HBr katalysierte Reaktion der Säure mit Sauerstoff, oder durch eine Dehydrierung des Methylesters mit Schwefel.

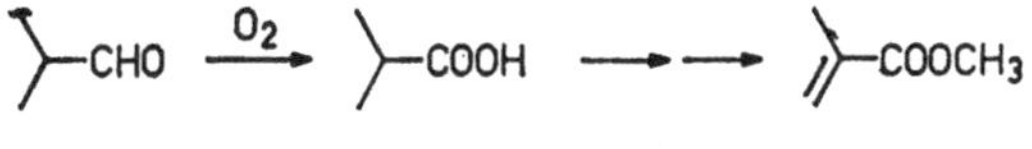

Auch Methacrylester ist als Komponente für Cycloadditionen interessant. Das Cycloaddukt mit Isopren besitzt den Geruch nach schwarzen Johannisbeeren.

4.1.8 Butadien

Butadien erlangte als Vorprodukt für synthetischen Kautschuk schon frühzeitig Bedeutung; die ersten Synthesen basierten daher noch nicht auf petrochemischen Grundstoffen. Das auf Acetylen basierende Verfahren über Acetaldehyd, Acetaldol und 1.3-Butandiol ist bereits im Abschnitt 2.5.2. vorgestellt worden. Es wird im Kombinat VEB Chemische Werke Buna schon seit über vierzig Jahren ausgeübt.

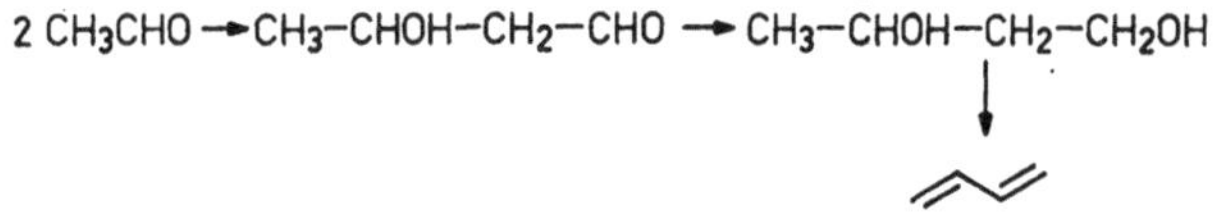

Ein anderes älteres Verfahren ist dagegen heute aufgegeben: Man konnte aus 1.4-Butandiol, das aus Acetylen und Formaldehyd zugänglich ist (Abschnitt 2.3.3), durch zweimalige Wasserabspaltung zunächst Tetrahydrofuran, dann Butadien gewinnen. Für dieses Verfahren sprachen die bereits erwähnten Zwischenprodukte Butindiol und seine Hydrierungsprodukte, zu denen noch Zwischenprodukte kamen, die durch 1:1-Anlagerung von Acetylen an Formaldehyd über Propargylalkohol erhalten werden konnten.

Die Hauptmenge des Butadiens, dessen Weltproduktion heute mehrere Mill. Jato beträgt, kommt entweder aus der Benzinpyrolyse, in deren C—4-Fraktion es etwa ein Drittel ausmacht, oder aus der Dehydrierung von Butan oder Butenen.

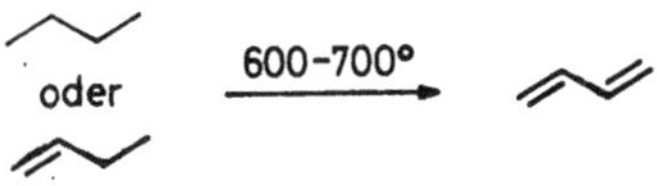

In beiden Fällen muß eine butadienreiche C-4-Fraktion, die aus mehreren sehr ähnlich siedenden Substanzen besteht, aufgetrennt werden. Man bedient sich dazu der Extraktivdestillation, indem man beispielsweise in Gegenwart von Dimethylformamid destilliert, das das Butadien bevorzugt löst und damit die Abtrennung erleichtert.

Haupteinsatzgebiet für Butadien sind Elastomere, die hauptsächlich auf Styren-Butadien-Copolymerisaten basieren. Auch Terpolymerisate von Butadien, Styren und Acrylnitril sind von Bedeutung.

Ungefähr ein Drittel des Butadiens dient als Zwischenprodukt für weitere Umwandlungen. Dabei sind die beiden größten Produkte, Chloropren und Adipodinitril, wieder Zwischenprodukte für makromolekulare Verbindungen.

Chloropren wird aus Butadien durch Chloranlagerung und anschließende HCl-Eliminierung hergestellt. Das Verfahren ist dadurch kompliziert, daß durch Chloranlagerung neben dem gewünschten 1.2-Additionsprodukt auch die beiden isomeren 1.4-Additionsprodukte entstehen. Man muß daher entweder unter Isomerisierungsbedingungen laufend 1.2-Produkt destillativ entfernen, oder man verarbeitet die 1.4-Verbindungen auf andere gewünschte Produkte, beispielsweise auf 1.4-Butandiol und Tetrahydrofuran. Grundsätzlich möglich ist auch der Austausch von Chlorid gegen Cyanid.

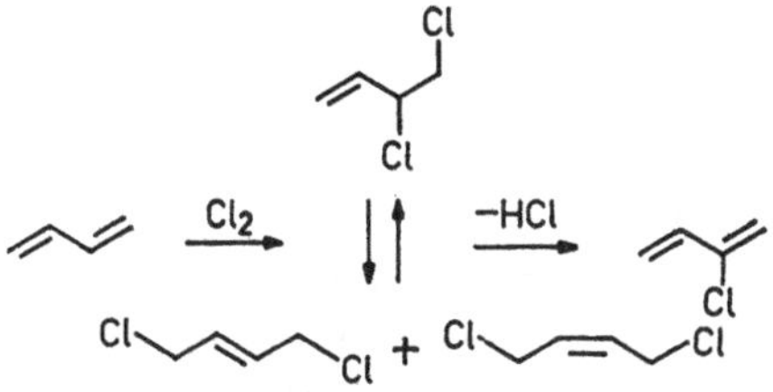

Chloropren wird zu Kautschuksorten polymerisiert, die besonders stabil gegen Öl sind.

Auch eine Direktanlagerung von Blausäure an Butadien zum Adipodinitril ist bei Verwendung von phosphinhaltigen Nickelkomplexen möglich und wird technisch ausgeführt.

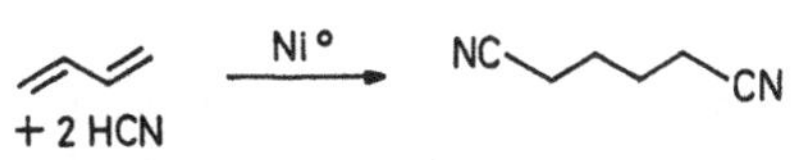

Bei der Anlagerung von Natrium an Butadien läßt sich ein Lineardimeres durch Carboxylierung abfangen. Es entsteht Sebacinsäure neben einigen verzweigten Isomeren.

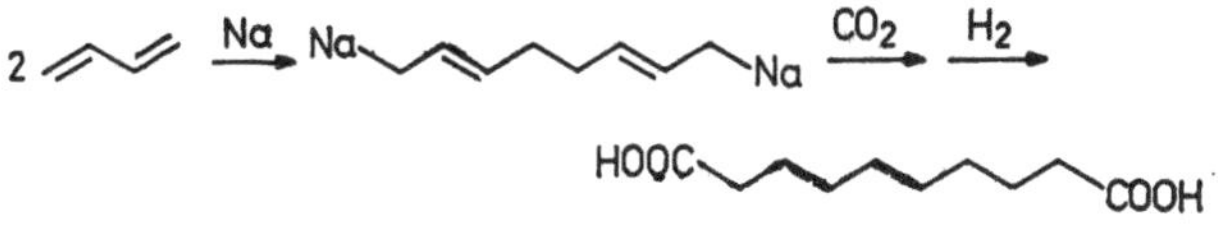

Als 1.3-Dien ist Butadien zu Cycloadditionen befähigt. Der Grundkörper der DIELS-ALDER-Addukte, das Cyclohexen, ist durch Reaktion von Butadien mit Ethylen bei 170 °C zugänglich; wegen der zu geringen Reaktionsgeschwindigkeit ist die Umsetzung noch nicht technisch ausgeführt worden.

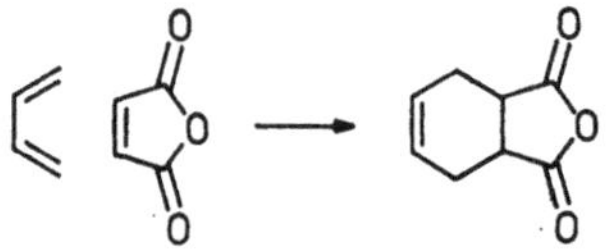

Sehr viel leichter verlaufen Cycloadditionen mit elektronenarmen Philodienen. Beispielsweise wird Maleinsäureanhydrid leicht zum Tetrahydro-phthalsäureanhydrid addiert, das zur Herstellung von ungesättigten Polyesterharzen eingesetzt wird.

In erheblichem Umfang wird die Cycloaddition des Butadiens mit Schwefeldioxid durchgeführt. Das entstehende Sulfolen spaltet bei höheren Temperaturen in die Komponenten zurück – eine Reaktion, die zur Reinigung von Butadien vorgeschlagen wurde. Hydrierung führt zu Sulfolan, das als Lösungsmittel für Extraktivdestillationen benutzt wird.

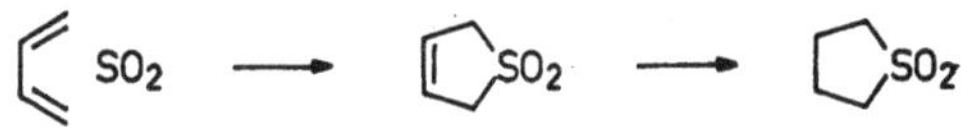

Die Cycloaddition an 1.4-Naphthochinon mit anschließender Dehydrierung wurde bereits als technische Synthese von Anthrachinon erwähnt (3.1.3.).

In Abwesenheit von Partnern geht Butadien Cycloadditionen mit sich selbst ein. Es entstehen trans-Divinylcyclobutan, Vinylcyclohexen und 1.5-Cyclooctadien. Letzteres läßt sich in Gegenwart von Nickelkatalysatoren zum Hauptprodukt machen.

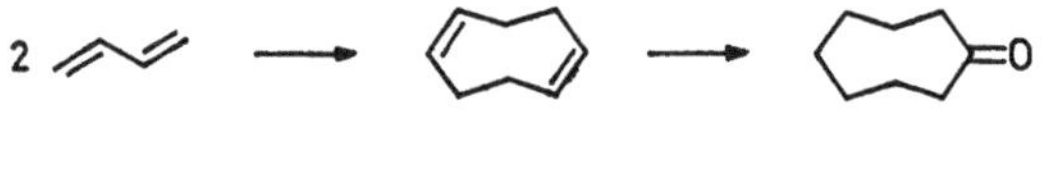

Die Möglichkeit, vom 1.5-Cyclooctadien über Cyclooctanon zum C—8-Lactam zu gelangen, hat noch nicht zu einer Großproduktion geführt. Angewendet wird 1.5-Cyclooctadien als Flammschutzmittel, nachdem an beide Doppelbindungen Brom angelagert wurde.

Im 10000 Jato-Maßstab wird die Cyclotrimerisierung des Butadiens betrieben. Nach dieser von G. WILKE aufgefundenen Reaktion wird an einem Katalysator aus Titanverbindungen und Aluminiumalkyl aus Butadien in ca. 90-proz. Ausbeute 1.5.9-Cyclododecatrien erhalten, das überwiegend als trans-trans-cis-Isomeres vorliegt. Folgereaktionen führen über Cyclododecanon zum C—12-Lactam (Laurinlactam) und zur C—12-Dicarbonsäure, einer Komponente für Polyamide und Polyester.

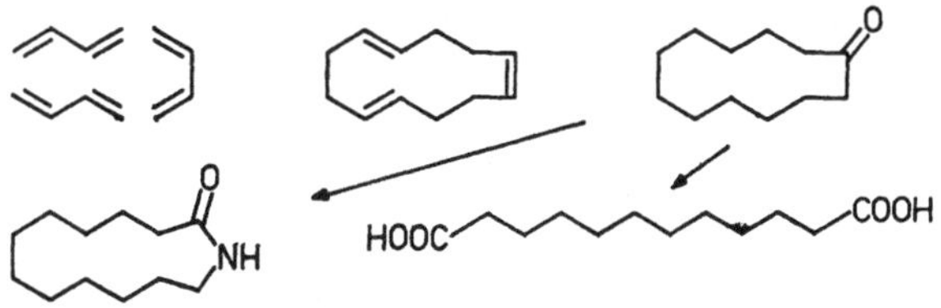

4.1.9. Isopren

Isopren ist formal der Baustein des natürlichen Kautschuks und vieler Naturstoffe. Bei den ersten Versuchen zur Gewinnung synthetischen Kautschuks bemühte man sich daher, eine einfache Synthese für Isopren zu finden. Trotz vieler Versuche gelang es in der ersten Hälfte dieses Jahrhunderts nicht, eine wirtschaftliche Isoprenherstellung auszuarbeiten, so daß die Kautschuksynthese andere Wege ging, zunächst über das aus Aceton zugängliche Dimethylbutadien, ab Mitte der Dreißigerjahre über Butadien. Vor etwa zwanzig Jahren gelang es, durch Verwendung von ZIEGLER-NATTA-Katalysatoren Isopren zu Poly-cis-isopren zu polymerisieren, das dem Naturkautschuk vergleichbare Eigenschaften hatte. Verstärkte Bemühungen um eine Großherstellung von Isopren führten dann zu mehreren wirtschaftlichen Verfahren, so daß Isopren heute ein Großprodukt ist. Für 1980 wird im Weltmaßstab eine Produktion von 1 Million Tonnen prognostiziert.

Als technisch brauchbar erwies sich die PRINS-Reaktion des Isobutens. Dabei entsteht durch Einwirkung von zwei Mol Formaldehyd auf Isobuten ein cyclisches Acetal des zunächst gebildeten 1.3-Diols, das mit Säure unter Rückgewinnung von einem Mol Formaldehyd zum Diol hydrolysiert werden kann. Wasserabspaltung aus dem Diol ergibt Isopren.

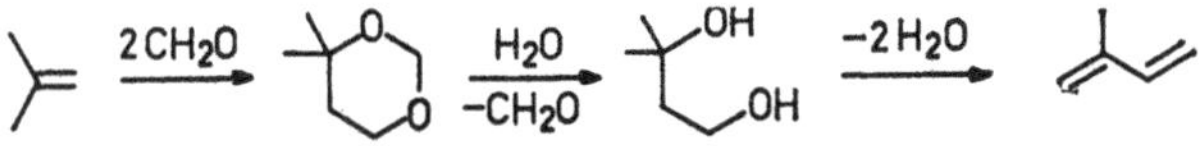

Durch Arbeiten bei höherer Temperatur läßt sich das Verfahren vereinfachen. Bei 280 °C führt die Einwirkung von Formalin auf Isobuten direkt zum Methylbutenol, das zum Isopren dehydratisiert wird.

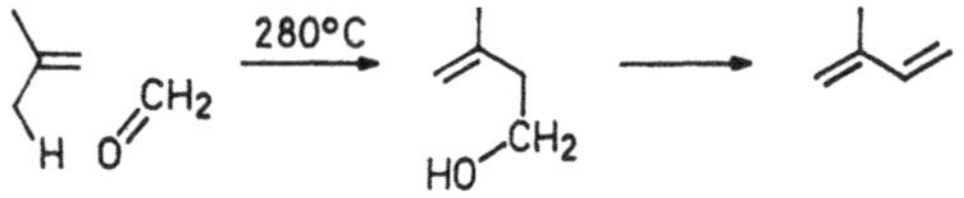

Ein weiteres Verfahren bedient sich ebenfalls einer Aufbaureaktion aus kleinen Bausteinen und basiert auf einer Reaktion, die v. MERLING schon vor vielen Jahrzehnten gefunden hatte: Acetylen wird unter Alkalikatalyse an Aceton angelagert, nach Hydrierung der Dreifachbindung erfolgt Wasserabspaltung zum Isopren. Nach diesem Verfahren läuft in Italien eine Anlage mit einer Jahresproduktion von ca. 30000 Tonnen; die Ausbeute beträgt rund 90%.

Interessant erscheint die Möglichkeit, Isopren durch eine Olefinmetathese zu gewinnen. Diese Reaktion, nach der man schon seit längerer Zeit Propen zu Ethylen und Buten dismutiert, würde ausgehend von Isobuten und Buten-2 zu einer Mischung von Propen und 2-Methylbuten-2 führen. Letzteres ist zu Isopren dehydrierbar.

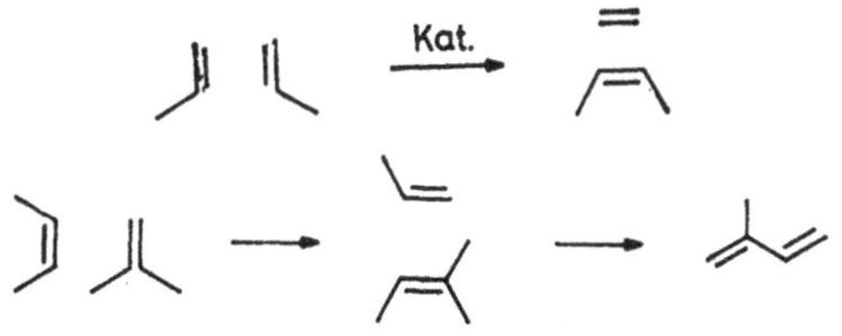

Obwohl solche Olefinmetathesen sehr glatt verlaufen, müßte man, da stets alle denkbaren Olefine entstehen, im vorliegenden Fall auch mit dem Auftreten von Ethylen und Dimethylbuten rechnen.

Ein erheblicher Anteil des Isoprens wird heute in Analogie zur Gewinnung des Butadiens aus geeigneten Fraktionen der Benzinspaltung isoliert beziehungsweise durch Dehydrierung von Vorstufen, die bereits das Kohlenstoffskelett des Isoprens besitzen, gewonnen. Da die Pyrolyse-C-Fraktionen nur 10—15% Isopren enthalten, treten erhebliche Trennprobleme auf. Man arbeitet meistens durch Extraktivdestillation auf.

In der UdSSR werden bereits 180000 Jato Isopren durch katalytische Dehydrierung von Isopentenen gewonnen.

Isopren geht ganz überwiegend in die Herstellung von Elastomeren für Autoreifen, in geringem Umfang in Mischpolymerisate wie Butylkautschuk. Noch im Anfangsstadium ist der Einsatz zur Gewinnung von Diisoprenoiden auf dem Riechstoffsektor.

4.2. Monomere für Polykondensationen und Polyadditionen

Die voranstehend beschriebenen Monomeren sind Olefine und Diolefine, deren Verknüpfung zu Makromolekülen durch Polymerisation erfolgt. Bei einer großen Gruppe von technisch wichtigen Makromolekülen werden kleine Bausteine durch Ester-, Säureamid- und Urethangruppierungen verknüpft, insbesondere für Synthesefasern. Diese Gruppierungen entstehen entweder durch Kondensationsreaktionen, also unter Wasserabspaltung im Zuge von Veresterungen, oder durch Additionsreaktionen, beispielsweise an Isocyanatgruppierungen. Zwischenprodukte sind Dicarbonsäuren, Diole, Diamine, Diisocyanate, aber auch die wichtige Gruppe der Lactame. In diesen Abschnitt ordnet sich auch das Phenol ein, dessen Hauptmenge heute durch Polykondensation mit Formaldehyd in die Plastherstellung geht.

4.2.1. Phenol

Phenol ist nach Styren und Cyclohexan das drittgrößte auf Benzen basierende Produkt. Die Produktion beträgt beispielsweise für die USA, für die regelmäßig Produktionszahlen veröffentlicht werden, über eine Million Jato. Im Weltmaßstab dürfte die Produktion etwa 3 Mill. Jato betragen. So ist Phenol längst aus der Reihe der Benzensubstitutionsprodukte herausgewachsen; seine Herstellung erfolgt schon lange nicht mehr auf dem klassischen Weg des Sulfonierens und Abschmelzens, sondern hat mit den petrolchemischen Größenordnungen auch entsprechende Technologien angenommen.

Großanlagen werden heute nach dem Hock'schen Verfahren über Cumenhydroperoxid, durch Hydrolyse von Chlorbenzen oder durch oxydative Decarboxylierung von Benzoesäure betrieben. Die früher bedeutende Isolierung von Phenol aus Schwelwässern könnte bei einer Neubelebung der Carbochemie wieder an Interesse gewinnen; in der Größenordnung heutiger Produktionen ist sie aber nie betrieben worden.

Der Cumenphenolprozeß beruht auf einer von H. Hock 1944 publizierten Beobachtung, wonach Cumenhydroperoxid beim Erwärmen mit verdünnter Schwefelsäure

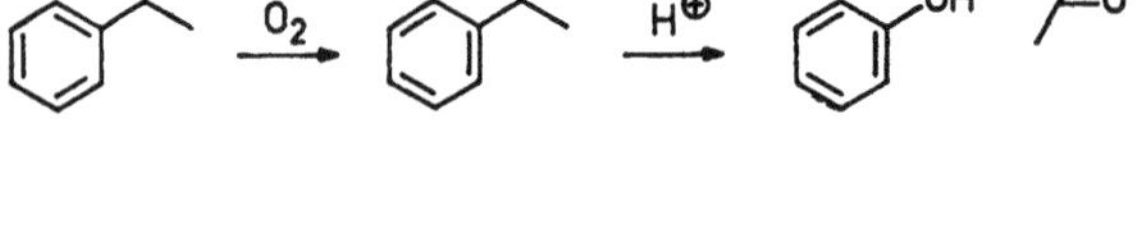

glatt C—C-Spaltung erleidet und in Phenol und Aceton zerfällt.

Offensichtlich eignete sich diese Reaktion trotz möglicher Bedenken gegen eine Großherstellung eines Peroxids besonders gut zur Übertragung in petrolchemische Dimensionen. Dem Prozeß kam zugute, daß nur flüssige und gasförmige Reaktionspartner beteiligt sind. Bereits Anfang der Fünfzigerjahre wurde nach dem neuen Verfahren produziert, das heute mehr als drei Viertel des auf der Welt hergestellten Phenols liefert.

Die Herstellung von Cumen erfolgt durch FRIEDEL-CRAFTS-Alkylierung von Benzen mit Propen, wobei in der Gasphase oder in flüssiger Phase gearbeitet werden kann. Cumen nimmt schon bei Raumtemperatur Sauerstoff auf; die technischen Prozesse arbeiten bei ca. 110 °C. Man führt die Hydroperoxidierung bis zu einem 35-prozentigen Umsatz und spaltet anschließend mit Säure, wofür mehrere Varianten benutzt werden. Die Ausbeute beträgt 90%; es gibt also etwa 10% Nebenprodukte, vor allem Dimethyl-phenylcarbinol und Acetophenon, die für einen Großprozeß nicht unerheblich sind. Wenn das Phenol über Cyclohexanon auf Caprolactam verarbeitet werden soll, muß das als Nebenprodukt gebildete Mesityloxid besonders sorgfältig entfernt werden. Stöchiometrisches Koppelprodukt ist Aceton. Es läßt sich in großen Mengen als Lösungsmittel unterbringen. Sein großer Anfall hat aber auch die Entwicklung von Folgeprodukten stimuliert, beispielsweise die Herstellung von C—6-Ketonen und von C—6- und C—9-Aminen.

In geringem Umfang wird Phenol über Chlorbenzen hergestellt. Auch in den letzten Jahren wurden Neuanlagen nach diesem Verfahren in Betrieb genommen. Man stellt das benötigte Chlorbenzen am besten durch Oxychlorierung von Benzen her, das man bei 240 °C mit

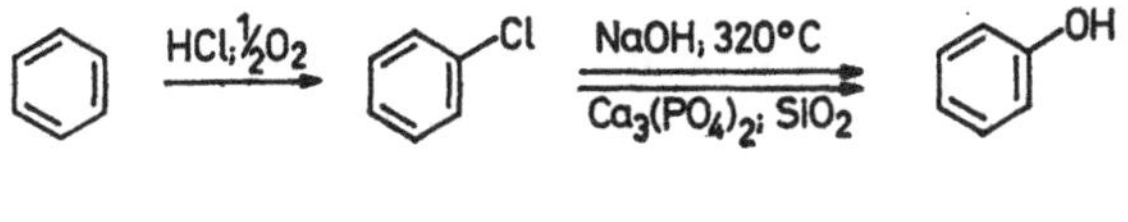

Sauerstoff und HCl über Kupfer und Eisen enthaltende Katalysatoren leitet. Die Weiterreaktion nahm man nach dem älteren RASCHIG-Verfahren mit wäßriger Natronlauge bei 380°C vor. Diese drastischen Bedingungen sind zum Austausch eines nichtaktivierten aromatisch gebundenen Chloratoms nötig. Auch dann erfolgt keine eigentliche Substitution, sondern Eliminierung zum Dehydrobenzen und nachfolgende Wasseranlagerung, wie man aus der Übereinstimmung der Nebenprodukte des Prozesses und von Reaktionsprodukten des Dehydrobenzens nachweisen konnte.

Auch für die Chlorbenzenhydrolyse ist man zu katalytischen Verfahren übergegangen. Man arbeitet heute an Calciumphosphat-Siliciumdioxid oberhalb 400 °C. Bei geringen Umsätzen (15%) erreicht man Selektivitäten bis 85%.

Das Überangebot von Toluen dürfte für die Ausarbeitung eines dritten Verfahrens bestimmend gewesen sein, das über Benzoesäure läuft. Deren Herstellung durch Luftoxydation von Toluen konnte die Erfahrungen der Terephthalsäureherstellung verwerten. In einer zweiten Stufe bildet sich Phenol, wenn in eine Schmelze oder Lösung oberhalb 200 °C bei Gegenwart von Kupfersalzen Sauerstoff eingeleitet wird.

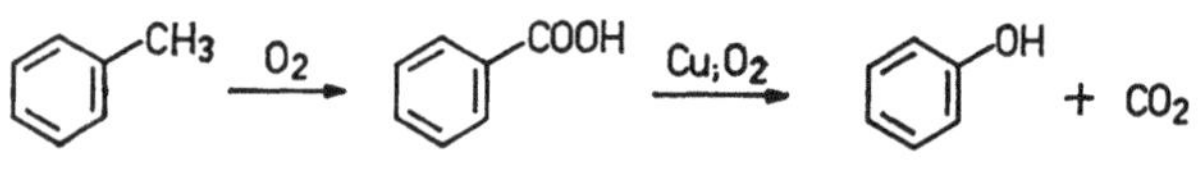

Man erkennt, daß alle heute ausgeübten Phenolprozesse Umwege einschlagen. Für eine direkte Oxydation von Benzen mit Sauerstoff zu Phenol haben sich trotz vieler Versuche nicht einmal Ansatzpunkte für ein Herstellungsverfahren ergeben. Wegen der gegenüber Sauerstoff erheblich höheren Reaktivität des Phenols läßt sich die Oxydation des Benzens nicht auf der Stufe des Phenols anhalten.

Vor einigen Jahren wurden Versuche bekannt, Benzen mit stöchiometrischen Mengen an Palladium-II-verbindungen zu oxydieren und das Phenol durch Acetylierung abzufangen. Da eine kontinuierliche Rückoxydation des nullwertigen Palladiums bei anderen Prozessen beherrscht wird, war diese Reaktion hinsichtlich des Palladiumeinsatzes nicht ohne Chance. Ausbeute und Selektivität waren aber anscheinend nicht ausreichend für einen technischen Prozeß.

Die Verwendung des Phenols reicht von Großprodukten der Plastherstellung bis zu kleinen Produkten der Pharma- und Riechstoffherstellung (Abschnitt 1.3.). Sogar Anilin beginnt man aus Phenol herzustellen. Größtes Einsatzgebiet sind die Phenol-Formaldehyd-Harze, die 30—50% des Phenols aufnehmen. In Ländern, die Cyclohexanon aus Phenol herstellen, geht die Hauptmenge des Phenols über Cyclohexanon in Caprolactam und Adipinsäure; im Durchschnitt sind es 20—30% des Phenols. 10—20% werden mit Aceton zum Bisphenol-A kondensiert, das für Thermoplaste eingesetzt wird. 5% des Phenols werden alkyliert, beispielsweise mit Isobuten zu 2.4.6-Tri-tert.-butylphenol, einem Inhibitor für Kettenreaktionen, neuerdings auch mit Methanol zum o-Kresol und 2.6-Xylenol.

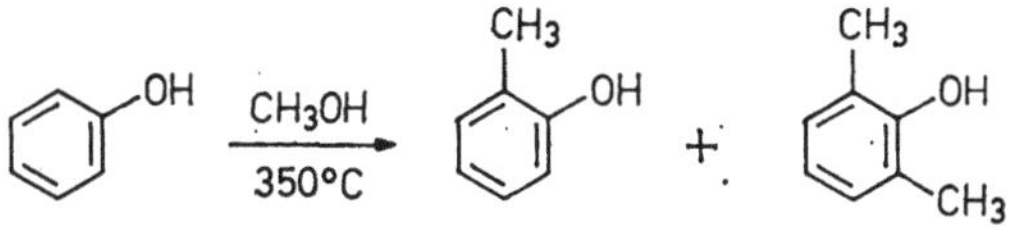

4.2.2. *Terephthalsäure*

Terephthalsäure ist mit einer Weltproduktion von mehreren Millionen Jahrestonnen das größte der bifunktionellen Zwischenprodukte. Sie erreicht fast den Produktionsumfang der beiden größten Monomeren, Styren und Vinylchlorid (USA, 1976: Styren 2,83; Vinylchlorid 2,57; Terephthalsäure 2,27 Mill. Tonnen). Ausschließliches Einsatzgebiet ist die Produktion von Polyestern für Synthesefasern, unter denen die Polyesterfaser des Glycols, die in der DDR als Grisuten bekannt ist, bei weitem überwiegt. Daneben werden der Polyester mit 1.4-Dimethylolcyclohexan und in steigendem Maße der Polyester mit 1.4-Butandiol produziert.

Wegen der extremen physikalischen Eigenschaften — Terephthalsäure ist in Wasser praktisch unlöslich und ist unschmelzbar — erfolgten Herstellung und Reinigung zunächst über den Dimethylester. In neueren Verfahren beherrscht man jedoch schon die Herstellung und Reinigung der Säure selbst, wobei für die Faserherstellung extreme Reinheitsanforderungen bestehen.

Ausgangsprodukt für die Terephthalsäure ist heute praktisch ausschließlich p-Xylen. Seine Methylgruppen lassen sich mit Luftsauerstoff bei Temperaturen um 150 °C zu Carboxylgruppen oxydieren, jedoch führt die Oxydation zunächst nur zur p-Tolylsäure. Dabei wird in flüssiger Phase in Gegenwart von Kobalt- und Mangansalzen gearbeitet. Erst nach Veresterung der Carboxylgruppe mit Methanol kann weiter oxydiert werden; die zweite Carboxylgruppe bildet sich dann unter den gleichen Bedingungen wie die erste. Anschließend wird auch die zweite Carboxylgruppe verestert.

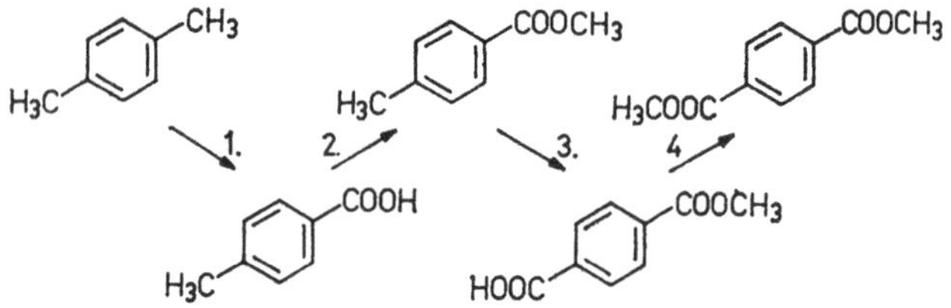

Die einzelnen Verfahren unterscheiden sich darin, daß einige dieser vier Reaktionsschritte zusammengezogen werden.

Man kann beispielsweise die erste und dritte Stufe zusammenfassen, indem man ein Gemisch von p-Xylen und p-Tolylsäuremethylester der Luftoxydation unterwirft, anschließend gemeinsam verestert und dann das Gemisch von p-Tolylsäuremethylester und Terephthalsäure-dimethylester durch Destillation trennt. Umkristallisation führt zu dem gewünschten sehr reinen Dimethylester, der direkt zur Polykondensation mit Ethylenglycol eingesetzt wird.

Ein neueres Verfahren gestattet die Durchführung aller vier Teilschritte in einem Ansatz.

Man beherrscht inzwischen auch die Durchoxydation des p-Xylens zur Terephthalsäure, ohne daß man die intermediär auftretende p-Tolylsäure verestern muß. Man muß bei etwas höherer Temperatur arbeiten — 200 °C—, und außer Kobalt- und Manganacetat nach Bromverbindungen als Promotoren zusetzen. Als Lösungsmittel wird Essigsäure verwendet.

Ein weiteres neues Verfahren besteht in der Cooxydation von p-Xylen und Acetaldehyd. Die Reaktion mit Sauerstoff läuft dann bereits unterhalb 140 °C ab. Pro Mol Terephthalsäure wird ungefähr ein halbes Mol Acetaldehyd verbraucht.

Große Hoffnungen hatte man einmal an eine Reaktion geknüpft, die jedoch trotz vieler Bemühungen nicht zu einem konkurrenzfähigen Verfahren geführt hat. Man hatte beobachtet, daß sich an Alkalisalzen der o-Phthalsäure bei Temperaturen oberhalb 400 °C eine Carboxylgruppe in die p-Stellung verschieben läßt. Unter ähnlichen Bedingungen ließen sich Alkalisalze der Benzoesäure durch CO_2 zu Salzen der Terephthalsäure carboxylieren.

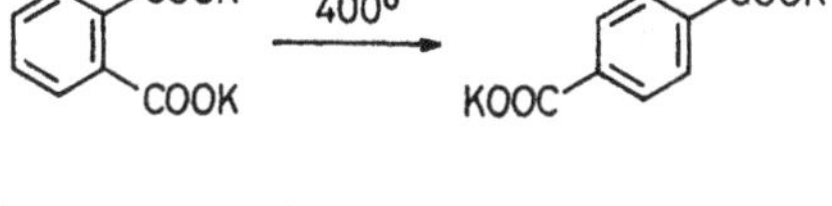

4.2.3. *Maleinsäureanhydrid*

Maleinsäureanhydrid hat 1975 einen Produktionsumfang von 1/2 Millionen Tonnen erreicht. Das Wachstum kam durch den Einsatz für Polyesterharze und wurde dadurch gefördert, daß die Herstellung sich wesentlich vereinfachen und auf die Basis billiger petrochemischer

Vorprodukte umstellen ließ. Mit wachsendem Angebot sind eine Anzahl von weiteren Verwertungsmöglichkeiten erschlossen worden, beispielsweise die Produktion von früher auf Basis Butindiol hergestellten Produkten, die Herstellung von Genußsäuren und Syntheseprodukten für den Pflanzenschutz.

Als stabile Endstufe von katalytischen Gasphaseoxydationen ist Maleinsäureanhydrid aus einer größeren Zahl von Vorprodukten zu erhalten; vom Aufkommen her sind für heutige Großproduktionen nur Benzen oder Butene diskutabel. Man könnte aber Maleinsäureanhydrid auch aus Cyclopentadien, Pentenen, Butadien, Furfural oder Crotonaldehyd gewinnen.

Die ältere Rohstoffbasis ist Benzen. In Anlehnung an den schon sehr lange betriebenen Prozeß der Oxydation von Naphthalen zu Phthalsäureanhydrid wurde die Oxydation von Benzen zu Maleinsäureanhydrid ausgearbeitet. Man oxydiert bei 400—450 °C an modifizierten Vanadinpentoxidkontakten. Die Selektivität beträgt 50—60%.

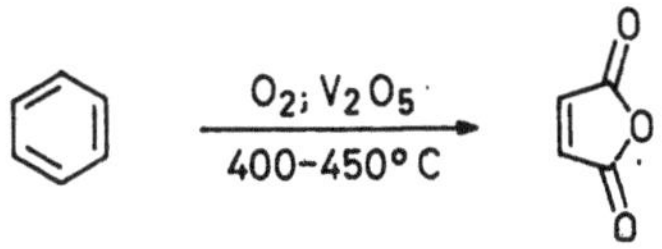

Seit etwa 15 Jahren geht man dazu über, anstelle von Benzen Butengemische zu oxydieren. Man verwendet Pyrolyse-C-4-Fraktionen, denen das Butadien entzogen wurde. Isobuten wird meistens nicht abgetrennt. Es ist reaktionsfähiger als die n-Butene und wird im Prozeß totaloxydiert. Bei der Reaktionstemperatur wenig oberhalb 400 °C wird *n*-Butan noch nicht angegriffen. Die Selektivität des Verfahrens liegt auch ungefähr bei 60%. Die Aufarbeitung ist etwas umständlicher als bei der Benzenoxydation, da durch den gegenüber Benzen höheren Wasserstoffgehalt der Butene mehr Wasser entsteht, aus dem die Maleinsäure isoliert und anhydridisiert werden muß.

Oberhalb 450 °C läßt sich auch Butan zu Maleinsäureanhydrid oxydieren. Eine Anlage für ca. 30000 Jato ist in USA bereits in Betrieb.

Etwa die Hälfte des Maleinsäureanhydrids wird für Polyesterharze eingesetzt, etwa ein Viertel geht nach Umwandlung in Fumarsäure, Äpfelsäure und Weinsäure in die Lebensmittel- und Getränkeindustrie.

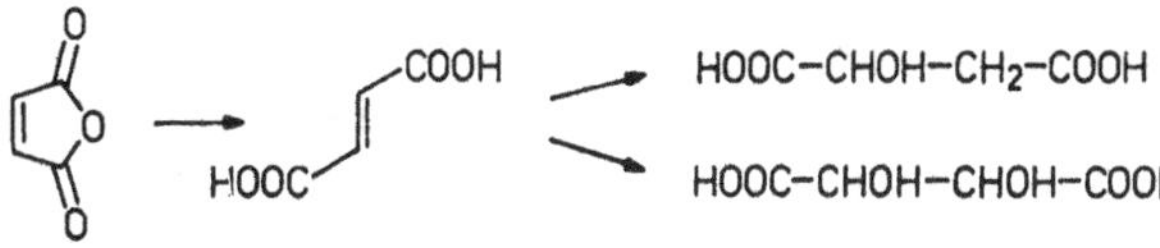

Durch energische Hydrierung sind eine Reihe von gesättigten C—4-Verbindungen zugänglich. Über Bernsteinsäureanhydrid entstehen Butyrolacton, 1.4-Butandiol und Tetrahydrofuran.

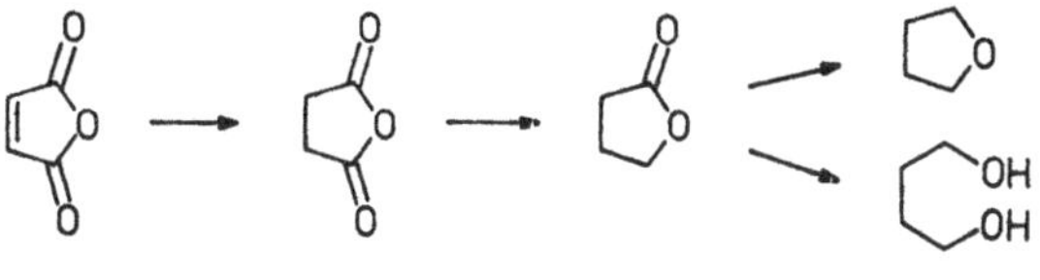

Verschiedene Umwandlungsprodukte entstehen durch Additionen und Cycloadditionen. Das Anlagerungsprodukt von Sulfit, Sulfobernsteinsäure, wird für Waschmittel verwendet, das Produkt einer ALDER'schen En-Synthese mit α-Olefinen als Netzmittel in der photographischen Industrie.

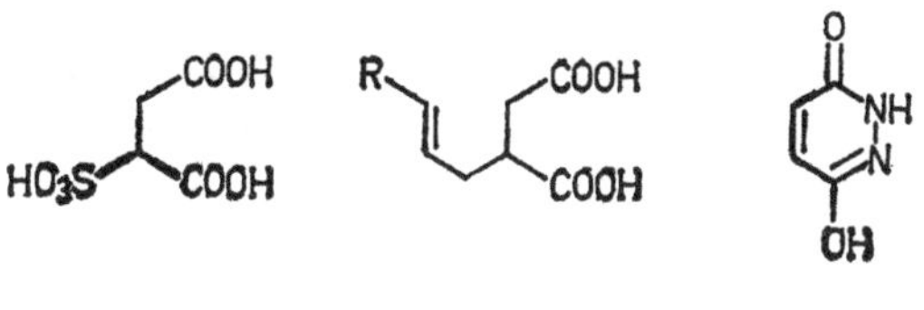

Für die Produkte der besonders glatt ablaufenden Diels-Alder-Additionen gibt es viele Anwendungen, beispielsweise in Pflanzenschutzmitteln. Das cyclische Hydrazid der Maleinsäure ist ein Herbicid.

4.2.4. Adipinsäure, Adipodinitril, 1.6-Diaminohexan

Adipinsäure ist zusammen mit 1.6-Diaminohexan Bestandteil des Nylon-6.6®, der ersten Polyamidfaser. Von der heute auf rund 1,5 Mill. Jato angewachsenen Produktion der Adipinsäure gehen etwa 90% in die Nylonproduktion, wobei die Dicarbonsäure auch Zwischenprodukt für das Diamin ist.

Ausgangsprodukt für Adipinsäure ist heute fast ausschließlich ein Gemisch von Cyclohexanol und Cyclohexanon, das durch Flüssigphasenoxydation von Cyclohexan erhalten wird. Wenn für die Produktion von Caprolactam reines Cyclohexanon hergestellt wird, kann es selbstverständlich auch auf Adipinsäure verarbeitet werden. Die Oxydation erfolgt mit konzentrierter Salpetersäure bei 70 °C, wobei Kupfer- und Vanadiumsalze katalytisch wirken, oder es wird in Essigsäure mit Luft oxydiert. Dabei wirken Kupfer- und Mangansalze katalytisch; die Temperatur beträgt 80 °C.

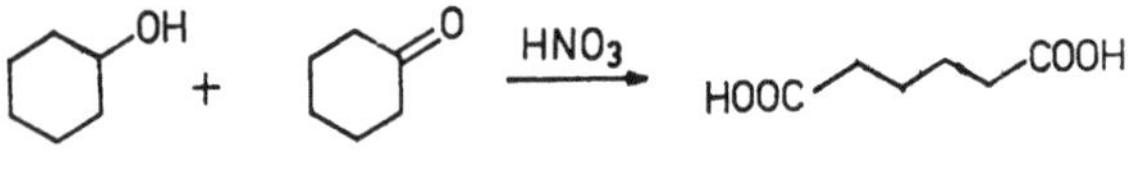

Die Oxydation mit Salpetersäure führt zu einem teilweisen Weiterabbau zu Glutarsäure und Bernsteinsäure. Wegen der strengen Reinheitsforderungen für die Weiterverarbeitung zu Kunstfasern müssen diese beiden Säuren abgetrennt werden, was beispielsweise durch Destillation der Methylester geschehen kann. Ester der Glutarsäure und der Bernsteinsäure werden als Weichmacher eingesetzt, Bernsteinsäure dient als Zwischenprodukt, beispielsweise zum Aufbau des Ringes D in der Steroid-Totalsynthese.

Die Überführung der Adipinsäure in das Dinitril erfolgt mit Ammoniak bei 275 °C, die Hydrierung zum Diamin an Palladium-Kohle bei 150—250 °C. Als Alternative werden die bereits erwähnte Herstellung von Adipodinitril aus Butadien und die elektrochemische Hydrodimerisierung von Acrylnitril betrieben.

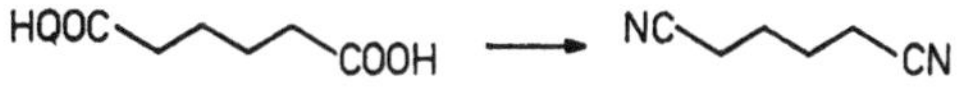

Weitere Anwendungen der Adipinsäure sind die Hydrierung zum Hexamethylenglycol, der Einbau in Epoxidharze und nach Veresterung mit Glycol oder Propylenglycol in Polyurethane.

Da Adipinsäure untoxisch ist, kann sie als Genußsäure dienen. Adipinsäure besitzt weiterhin als Zwischenprodukt Bedeutung, da sie sich leicht zum Fünfring cyclisieren läßt. Erhitzen mit Alkali gibt quantitativ Cyclopentanon; mit Alkoholat wird aus dem Ester Cyclopentanon-2-carbonester erhalten, aus dem für den Pflanzenschutz wichtige Heterocyclen wie das Herbicid Lenacil® hergestellt werden können.

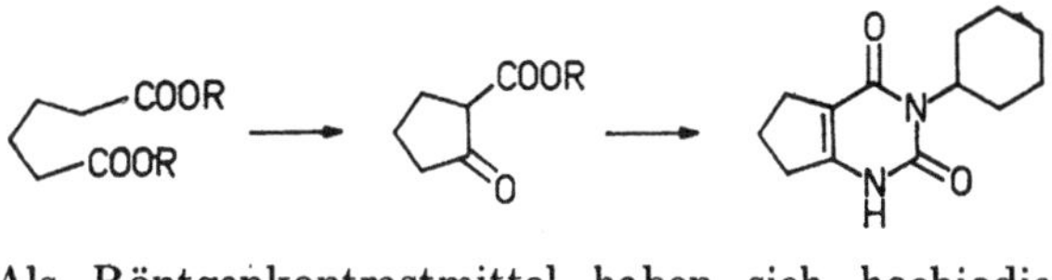

Als Röntgenkontrastmittel haben sich hochiodierte Anilide der Adipinsäure bewährt.

4.2.5. *Caprolactam*

Die Herstellung eines Polyamids aus Caprolactam wurde in der Mitte der Dreißigerjahre entwickelt (Nylon-6®, Perlon®, Dederon®). Durch die relativ leichte Zugänglichkeit des Caprolactams aus Vorprodukten wie Phenol oder Cyclohexan, die bereits eine cyclische Gruppierung mit sechs C-Atomen enthalten, wurde dem Caprolactam nie ernsthaft Konkurrenz von Lactamen anderer Ringgrößen gemacht, obwohl beispielsweise das Polyamid aus C—7-Lactam dem aus C—6-Lactam in seinen Eigenschaften nicht nachsteht. Die Weltproduktion an Caprolactam betrug 1973 2,3 Mill. Tonnen. Die heute betriebenen Caprolactamverfahren haben sich aus Kleinproduktionen entwickelt und haben einige Nachteile, die bei einem Großprozeß lästig sind, vor allem das Arbeiten mit festen Komponenten. Ein grundsätzlich neuer Prozeß, der die bisherige Verfahrensweise ablöst, hat sich jedoch nicht durchgesetzt.

Nach wie vor ist der Standardprozeß eine Herstellung von Cyclohexanonoxim und dessen BECKMANN-Umlagerung zum Caprolactam.

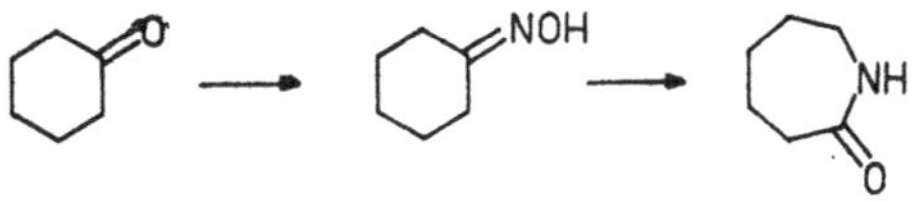

Hydroxylamin wird überwiegend noch nach einem bereits von RASCHIG angegebenen Verfahren hergestellt: Nitrit wird mit Sulfit zum Hydroxylamin-disulfonat umgesetzt, dessen Hydrolyse Hydroxylamin ergibt.

$$^{\ominus}NO_2 + 2\,SO_2 + {}^{\ominus}OH \rightarrow HON\begin{matrix} SO_3^{\ominus} \\ SO_3^{\ominus} \end{matrix} \rightarrow NH_2OH$$

Die beiden bei der Hydrolyse entstandenen Sulfatäquivalente liegen nach der Oximierungsstufe als Ammonsulfat vor. Zusammen mit dem nach der BECKMANN-Umlagerung durch Neutralisation mit Ammoniak entstandenen Ammonsulfat liefert der Prozeß je Tonne Caprolactam fünf Tonnen Ammonsulfat. Sie stellen als wenig gewünschter Stickstoffdünger mit nur 27% Stickstoff eine Belastung für das Verfahren dar.

Wenigstens für die Hydroxylaminherstellung kann man heute den Salzanfall vermeiden. Man stellt heute in Großanlagen Hydroxylamin durch katalytische Hydrierung von Nitrat an Palladium-Kohle her. Auch eine Hydrierung von Stickstoffmonoxid an Palladium ist möglich.

Von den zur Cyclohexanonherstellung in Betracht gezogenen Wegen hatte sich zunächst nur die Gewinnung aus Phenol zum Großprozeß entwickeln können. Später hat die Herstellung aus Benzen über Cyclohexan die Phenolhydrierung weitgehend abgelöst.

Für die Hydrierung von Phenol haben sich Bedingungen finden lassen, unter denen Phenol unter Aufnahme von zwei Mol Wasserstoff direkt in Cyclohexanon übergeht. Man hydriert an einem Palladiumkatalysator in der Gasphase bei etwa 150 °C. Damit ließ sich die Herstellung gegenüber älteren Verfahren, bei denen bis zum Cyclohexanol durchhydriert und anschließend zum Cyclohexanon dehydriert wurde, erheblich vereinfachen.

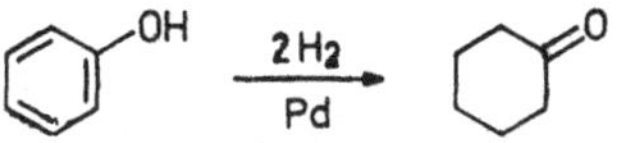

Die Cyclohexanoxydation erfolgt in flüssiger Phase in Gegenwart von Mangan- oder Kobalt-naphthenat, also Metallionen, die in ihrer Wertigkeit um eine Stufe pendeln können. Man arbeitet bei 150 °C. Durch einen Radikalkettenprozeß wird zunächst Cyclohexyl-hydroperoxid gebildet.

$$R^{\cdot} + O_2 \rightarrow R{-}OO^{\cdot} \quad (1)$$

$$R{-}OO^{\cdot} + RH \rightarrow R{-}OOH + R^{\cdot} \quad (2$$

Zersetzungsreaktionen des Hydroperoxids durch die Metallionen führen zu den Produkten Cyclohexanon und Cyclohexanol; als Zwischenstufe treten Radikale auf, die neue Oxydationsketten starten.

Die Wirkung des Übergangsmetalls, nachstehend am Kobalt formuliert, kommt dadurch zustande, daß es in seiner niedrigen Wertigkeitsstufe das Hydroperoxid unter Bildung von Alkoxylradikal angreift und in seiner höheren Wertigkeitsstufe durch Reaktion mit dem Alkylhydroperoxid das Alkylperoxyradikal gibt. Dadurch pendelt das Metall in seiner Wertigkeit und tritt in der Stöchiometrie des Prozesses Gl. (3) nicht in Erscheinung.

$$R{-}OOH - Co^{++} \rightarrow RO^{\cdot} + CO^{+++} + {}^{\ominus}OH$$
$$R{-}OOH + Co^{+++} \rightarrow R{-}OO^{\cdot} + Co^{++} + H^{\oplus}$$

$$2R{-}OOH \xrightarrow{Co^{++}/^{+++}} RO^{\cdot} + R{-}OO^{\cdot} + H_2O \qquad (3)$$

Das Alkoxyradikal reagiert mit dem Kohlenwasserstoff unter Bildung des Radikals $R^{\cdot}$ und geht dabei in den Alkohol über Gl. (4). Schließlich hat man, da mehr Alkylperoxyradikale entstehen, als nach Gl. (2) verbraucht werden, eine Abbruchreaktion zu formulieren, die Alkohol, Keton und Sauerstoff liefert Gl. (5).

$$RO^{\cdot} + RH \rightarrow ROH + R^{\cdot} \qquad (4)$$
$$2R{-}OO^{\cdot} \rightarrow ROH + \text{Keton} + O_2 \qquad (5)$$

Man überzeugt sich leicht, daß man durch Addition der Gl. (2—5) einen Bruttoumsatz erhält, in dem keine Radikale mehr auftreten, Dabei ist Gl. (1) mit dem Faktor 3, Gl. (2) mit dem Faktor 2 zu multiplizieren. Dann werden alle entstehenden kurzlebigen Teilchen in Folgereaktionen wieder verbraucht. Der Bruttoumsatz lautet dann:

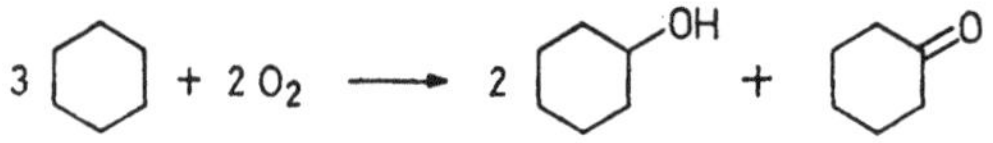

Da radikalische Wege vom Alkylhydroperoxid zum Keton möglich sind, die kein anderes Molekül einbeziehen — die Bruttoformel des Ketons ist um 1 H_2O ärmer als die des Alkylhydroperoxids — können zusätzliche Ketonmengen entstehen. In der Praxis erhält man einen Anfall von Cyclohexanol und Cyclohexanon im Verhältnis ca. 1 : 1

Der hier ausführlich skizzierte Ablauf einer Flüssigphaseoxydation ist weitgehend repräsentativ für eine ganze Reihe von Prozessen, beispielsweise die Oxydation von Cyclododecan, von Ethylbenzen oder von p-Nitroethylbenzen. Die Darstellung ist noch etwas vereinfacht, da Weiteroxydation des Alkohols zum Keton und des Ketons unter C—C-Spaltung auftreten kann. So läßt sich bei den beiden letztgenannten Prozessen die Oxydation bis zur praktisch ausschließlichen Bildung des Ketons führen. Bei der Cyclohexanoxydation bricht man bei ca. 10-prozentiger Bildung sauerstoffhaltiger Produkte ab, um die Weiteroxydation zu Adipinsäure zu vermeiden.

Als weitere Schritte der Caprolactamherstellung folgen die Oximierung des Cyclohexanons zum kristallinen Oxim und dessen Beckmann-Umlagerung in Oleum etwas oberhalb 100 °C. Zur Aufarbeitung verdünnt man mit Wasser, neutralisiert mit Ammoniak, extrahiert mit einem organischen Lösungsmittel und destilliert nach Rückextraktion.

Die voranstehende Darstellung erweckt den berechtigten Eindruck, daß der Caprolactamprozeß ein in immer größere Dimensionen gewachsenes „Gattermann-*Präparat*" ist. Trotz erheblicher Bemühungen ist aus der Caprolactamherstellung kein typisch petrolchemischer Prozeß geworden. Beispielsweise sind alle Versuche gescheitert, das Oxim katalytisch in der Gasphase umzulagern.

Zwei bereits seit längerer Zeit betriebene Verfahren vermeiden die Oximherstellung aus Hydroxylamin. Beim SNIA-VISKOSA-Prozeß wird von Hexahydrobenzoesäure ausgegangen, die mit Nitrosylschwefelsäure in Oleum umgesetzt wird. Es erfolgt Nitrosierung in α-Stellung und eine mit Decarboxylierung verbundene Umwandlung der Nitrosoverbindung in das Oxim. Dieses findet in dem Reaktionsmedium bereits die Bedingungen einer Beckmann-Umlagerung vor und geht in das Lactam über.

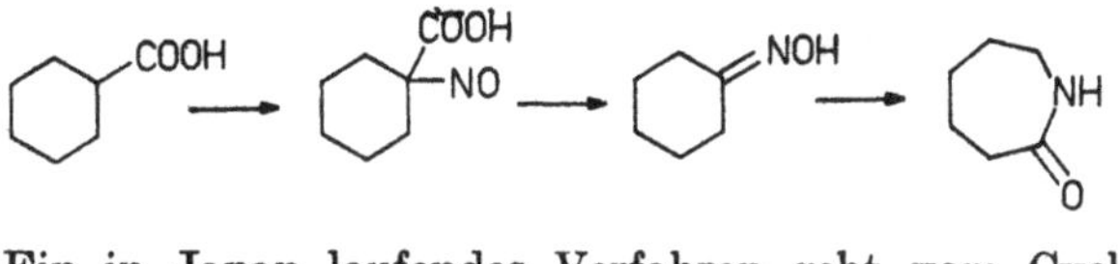

Ein in Japan laufendes Verfahren geht vom Cyclohexan aus, das unter Belichtung mit Nitrosylchlorid umgesetzt wird. Da die Radikale nicht in einer Kettenreaktion reagieren, werden stöchiometrische Lichtmengen gebraucht. Der Prozeß wird in einer Anlage mit mehr als 100000 Jato durchgeführt.

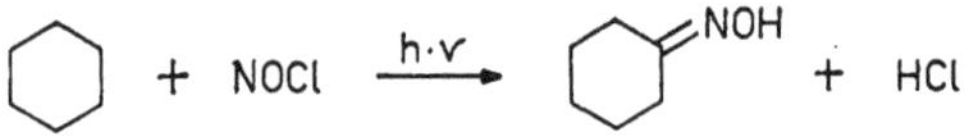

Der mit steigenden Produktionsgrößen immer unangenehmer werdende Anfall von Ammonsulfat führte in der zweiten Hälfte der Sechzigerjahre zu energischen Bemühungen zur Auffindung einer grundsätzlich neuen Caprolactamsynthese. Etwa fünf Jahre später zeichnete sich ab, daß in absehbarer Zeit kein Weg an der BECKMANN-Umlagerung vorbeiführt.

Ein Prozeß über Caprolacton wurde bereits in einer Anlage von etwa 20000 Jato betrieben. Das Lacton läßt sich leicht aus Cyclohexanon und einer Persäure durch BAEYER-VILLIGER-Umlagerung erhalten; das in Großanlagen billig produzierte Wasserstoffperoxid gestattete eine günstige Darstellung der Persäure.

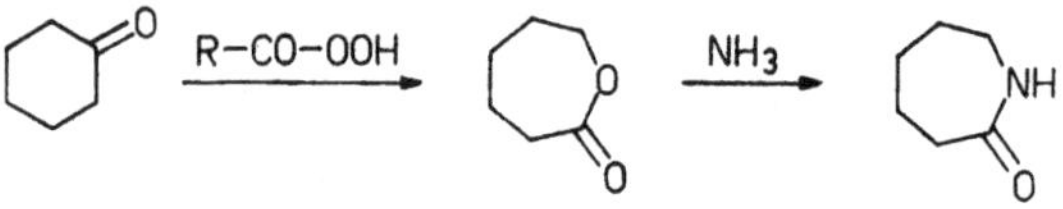

Allerdings erforderte die Weiterreaktion zum Caprolactam geradezu hydrothermale Bedingungen. Erst bei ca. 360 °C und entsprechenden Ammoniakdrucken gelang die Einführung von Stickstoff in den Ring.

Auch der sogenannte TECHNICHEM-Prozeß, der ohne Anfall von anorganischen Produkten arbeiten sollte, hat sich nicht einführen lassen. Ausgangsprodukt war Cyclohexenylacetat, das durch Nitrierung 2-Nitro-cyclohexanon gibt. Das Nitroketon öffnete schon unter mildesten Bedingungen mit schwachem Alkali den Ring zur Nitro-capronsäure. Während die Reduktion der Nitro-

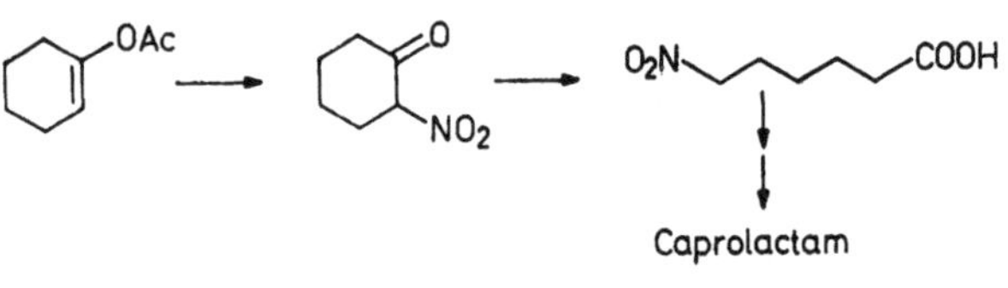

gruppe unproblematisch war, war die Cyclisierung zum Lactam nicht ganz einfach; sie gelang erst bei 300 °C.

Neben der Hauptverwendung des Caprolactams für Synthesefasern gibt es chemische Umwandlungen, von denen die Überführung in Lysin bereits zu Produktionen von mehreren 10000 Jato geführt hat. Da einige Proteine einen Unterschuß an der essentiellen Aminosäure Lysin aufweisen, war ein entsprechender Bedarf vorhanden. Erforderlich ist für eine Lysinsynthese die Ringöffnung des Caprolactams, die Einführung einer Aminogruppe in α-Stellung und eine Racemattrennung.

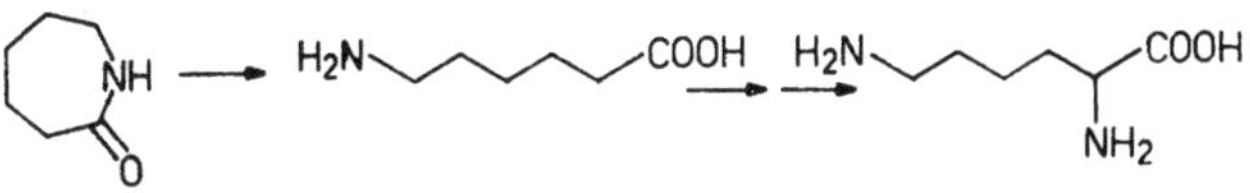

N-Methylcaprolactam dient als Selektivlösungsmittel bei der Aromatenextraktion.

Die Lactame mit sieben bzw. acht Kohlenstoffatomen sind keine Großprodukte geworden, obwohl das C—8-Lactam durch die Dimerisierung des Butadiens zum Achtring ein günstiges Vorprodukt gehabt hätte. Offenbar war es nicht lohnend, zum Caprolactam eine Parallelentwicklung eines ähnlichen Produktes durchzuführen. Dagegen hat sich das C—12-Lactam — Laurinlactam — aus kleinen Anfängen zu einem Produkt entwickelt, von dem bereits ca. 25000 Jato produziert werden. Ausgangsprodukt ist das durch Trimerisierung von Butadien hergestellte Cyclododecatrien. Es wird zum Cyclododecan hydriert und in Analogie zur Caprolactamherstellung durch Luftoxydation in das Keton umgewandelt, dessen Oximierung und Beckmann-Umlagerung das Lactam ergibt (Vgl. Abschnitt 4.1.8.).

4.2.6. Diisocyanate

Ein sehr leistungsfähiges Prinzip zur Herstellung von Makromolekülen ist die Polyaddition von Diolen an Diisocyanate. Die benötigten Diisocyanate werden ausschließlich durch Phosgenierung von Diaminen hergestellt. Man arbeitet meistens in flüssiger Phase und geht entweder von den Aminen, oder, da ohnehin durch freiwerdende Salzsäure Hydrochloride entstehen, gleich von den Hydrochloriden aus. Beispielsweise wird zur Herstellung von Toluylen-diisocyanat, dem größten Produkt dieser Verbindungsklasse, zunächst eine Kaltphosgenierung des freien Diamins bei 0—30 °C durchgeführt, wobei Carbaminsäurechlorid- und Aminhydrochloridgruppierungen entstehen, die man in einer anschließenden Heißphosgenierung bei ca. 170 °C in Isocyanatgruppierungen überführt.

$$-NH_2 \xrightarrow{COCl_2} \begin{matrix} -NH-COCl \\ -NH_2\cdot HCl \end{matrix} \xrightarrow{COCl_2} -NCO + HCl$$

Hergestellt wird in der Regel ein Gemisch von 2.4- und 2.6-Toluylen-diisocyanat im Verhältnis 2:1 oder 4:1, seltener das reine 2.4-Isomere. Weitere Diisocyanate sind das 4.4'-Diphenylmethan-diisocyanat, 1.5-Naphthalendiisocyanat und Hexamethylen-diisocyanat.

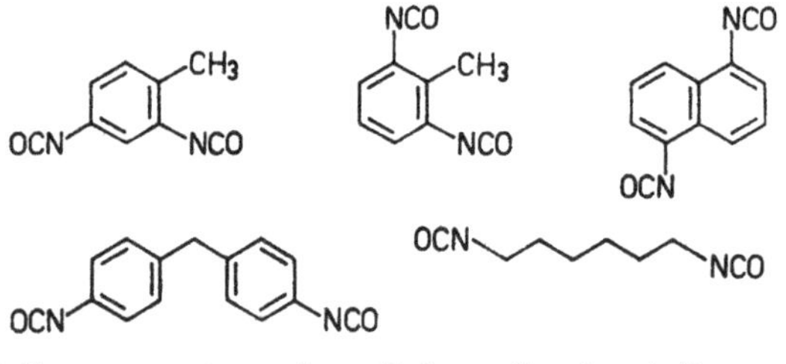

Diolkomponenten der Polyurethanherstellung sind meistens polymere Diole aus Ethylenoxid oder Propylenoxid, oligomere Ester von Dicarbonsäuren mit Diolen, oder, falls Vernetzungen gewünscht werden, anteilig Glycerol.

Polyurethane gehen hauptsächlich in Hart- und Weichschäume, wobei zum Verschäumen restliche Isocyanatgruppen mit Wasser unter Bildung von Kohlendioxid zersetzt werden, ferner in Lacke und neuerdings in Kunstleder.

Erläuterung einiger Fachausdrücke

Acaricid	Mittel zur Vertilgung von Milben
Anticonvulsivum	Krampflösendes Mittel
Antispasmodicum	Krampflösendes Mittel
Herbicid	Mittel zur Unkrautbekämpfung
Hypolipämicum	Substanz, die den Fettspiegel des Blutes senkt
Insecticid	Mittel zum Vertilgen von Insekten
Pyrethrin	Pflanzeninhaltsstoff mit starker Giftwirkung gegen Insekten
Rodenticid	Giftstoff zur Bekämpfung von Nagetieren
Sterilantien	Substanzen, die bei Insekten Sterilität erzeugen
Systemfungicid	Substanz, die über das Eindringen in das Transportsystem einer Pflanze deren Pilzbefall bekämpft

5. Literatur

N. N. Woroshzow, „*Grundlagen der Synthese von Zwischenprodukten und Farbstoffen*", Akademie-Verlag, Berlin 1966.

K. Weissermel und H.-J. Arpe, „*Industrielle Organische Chemie*", 2. Auflage, Verlag Chemie, Weinheim/New York 1978.

„*Ullmanns Encyklopädie der technischen Chemie*", 4. Auflage, Verlag Chemie, Weinheim 1972 u. ff..

A. Rieche, „*Grundriß der technischen organischen Chemie*", 2. Auflage, S.-Hirzel-Verlag, Leipzig 1961.

W. Pritzkow, „*Theoretische Gesichtspunkte in der organischen Chemie*", Verlag von Theodor Steinkopff, Dresden und Leipzig 1963.

G. Gawalek, „*Tenside*", Akademie-Verlag, Berlin 1975.

D. Merkel, „*Riechstoffe*", WTB, Akademie-Verlag, Berlin 1972.

H. G. Hauthal, „*Niedere aliphatische Amine*", Mitteilungsbl. d. Chem. Ges. d. DDR 26, 73–79 (1979).

Für weiterführende Information, insbesondere über Fragen der Technologie, wird auf das Standardwerk

R. E. Kirk uns D. F. Othmer, „*Encyclopedia of Chemical Technology*", 2. Aufl. 1963–1972, 3. Aufl., 1978ff., Verlag Wiley, New York, verwiesen.

6. Register